环境规制政策与经济可持续发展研究

Environmental Regulation and Sustainable Economic Development

刘 伟 童健 薛景 储成君 著

中国财经出版传媒集团
经济科学出版社
Economic Science Press

国家社科基金后期资助项目
出版说明

后期资助项目是国家社科基金设立的一类重要项目，旨在鼓励广大社科研究者潜心治学，支持基础研究多出优秀成果。它是经过严格评审，从接近完成的科研成果中遴选立项的。为扩大后期资助项目的影响，更好地推动学术发展，促进成果转化，全国哲学社会科学规划办公室按照“统一设计、统一标识、统一版式、形成系列”的总体要求，组织出版国家社科基金后期资助项目成果。

全国哲学社会科学规划办公室

前　　言

从工业化的历史来看，世界上多数国家采用粗放型的经济发展方式，大量的消耗自然资源和产生污染排放，加之过快的人口增长和消费，使全球的环境质量日益恶化。环境问题不仅制约着经济发展，还严重影响人们的生活质量和身体健康，已经成为全球经济发展中不可忽视的焦点问题。各国都在寻求一条经济可持续发展道路，即以经济与环境协调发展为特征的经济发展路径。经济可持续发展不仅为了满足当代人发展的需要而开发利用资源环境，更要保持自然资源的可持续性和环境承载力，以满足后代人发展的需要。经济可持续发展兼顾经济发展与环境协调，防止和减少经济发展对环境的破坏，使生态环境系统处于良好状态。

从我国的实际来看，改革开放 30 多年来，我国经济持续高速增长，年均增长率维持在 9% 左右。在经济增长的同时，我国的工业化和城市化进程也在不断加速。由此所引发的高能耗、高污染、自然资源和环境破坏等问题日益明显，根据 2012 年世界银行统计数据显示，中国由于空气和水污染所造成的直接经济损失相当于 GDP 的 8%。我国为粗放的经济发展方式和快速推进的工业化和城市化付出了较为沉重的环境代价，根据耶鲁大学和哥伦比亚大学的科学家联合发布的世界环境绩效排名 EPI（environmental performance index），2010 年我国的 EPI 得分仅为 49 分，在世界 164 个国家和地区中排名第 121 位。虽然，环境问题日益严峻，但是我国政府又不能放弃经济增长的目标，因为我国的现代化还没有完成，居民的社会福利水平比较低，工业化和城市化的目标尚未实现。因此，在我国大力倡导生态文明建设的背景下，需要通过产业结构转型升级、转变发展方式来实现环境与经济的协调发展，探索节约资源，保护环境的经济可持续发展道路。

从市场经济角度来看，环境保护与经济增长是相互矛盾的。环境资源作为一种公共品，具有较强的负外部性，而作为微观经济主体的企业追求自身利润最大化，通过市场机制来解决环境问题的可行性较低。因此，环境问题的解决离不开政府的环境规制措施。环境规制的实施是否能够促进经济可持续发展，观点存在分歧，有的认为环境规制会增加企业的成本，进而抑制经济增长，有的认为环境规制会激发企业的技术创新，进而提高生产率，促进经济增长。微观层面来看，环境规制对经济发展的影响通过对企业决策行为的影响进行传导，主要通过成本效应、壁垒效应、比较优势、创新补偿效应以及政策选择的时机效应等方面影响企业决策行为。环境规制政策通过五方面效应影响企业决策行为，进而影响产业发展，推动产业结构的转型升级，促进生产率提高，加快技术创新步伐。因此，从经济可持续发展的三个方面：生产率、产业结构、技术创新，来研究环境规制政策如何影响经济可持续发展发展，寻找促进经济可持续发展的最优环境规制政策组合十分必要。本书旨在通过经济理论和经济优化理论来分析环境规制对经济可持续发展的作用机理，并用计量经济学方法来实证评价环境规制与经济可持续发展的关系，选择最优的环境规制政策组合及探寻内生环境治理的抉择机制。研究不仅丰富了环境规制与经济可持续发展的理论体系，还为政府环保部门提供有效的政策评价工具和政策设计的相关建议。

本书的主要内容：

（1）环境规制与经济可持续发展的基本理论。对环境、环境规制和经济可持续发展的概念内涵进行了界定。从生产率、产业结构和技术创新等经济可持续发展的三个方面，详细阐述了环境规制对经济可持续发展的作用机理。对不同类型环境规制工具对经济可持续发展作用效果的差异性进行了分析。

（2）环境规制与经济可持续发展的研究评述。对环境规制与经济增长、生产率、产业结构、技术创新和规制工具选择等五个方面的研究文献进行了系统性的评述。

（3）我国环境规制工具的发展演进过程及效果。以环境立法和环境管理机构能力建设为主线，分析我国环境规制从末端治理向源头控制以及全过程管理转变的演进历程；梳理我国环境规制的分类以及主要环境规制政策工具的效果。

（4）环境规制对经济可持续发展（从生产率、技术创新和产业结构等三个视角分析）影响的差异性。从生产率、技术创新和产业结构等三个反映经济可持续发展的视角，构建环境规制对经济可持续发展影响的理论模型，从理论上证明环境规制对经济可持续发展的作用机制。通过实证研究的方法分别从省际和行业视角分析环境规制对经济可持续发展的的作用关系及差异性。

（5）环境规制工具的效果评价及政策组合设计。建立环境规制效果的评价模型及标准，并对不同类型环境规制工具的效果及相合效应进行评价，提出环境规制工具组合设计的措施。

（6）内生性环境治理的环境规制抉择优化机制。将环境污染的负外部性影响纳入生产函数构建一般均衡模型，证明最优环境技术研发投入由实际经济系统特征参数内生决定。提出激发企业内生性环境治理的环境规制政策抉择机制。

本书的学术创新：

（1）环境规制通过成本效应、壁垒效应、比较优势效应、创新补偿效应以及政策选择的时机效应等五个效应影响企业的决策行为，进而对经济可持续发展的三个方面：产业结构、生产率和技术创新产生影响。基于微观视角研究环境规制对经济可持续发展的影响具有一定的创新性。

（2）从产业结构、生产率和技术创新三个层面分析环境规制对经济可持续发展的作用机制，对环境规制政策效果进行较为全面的评价。单一角度分析环境规制对经济可持续增长的影响很难得到准确合理的结论。

（3）从环境规制政策相合性角度出发，建立环境规制效果的评价模型及标准，对不同环境规制工具及组合的效果进行评价，进而设计最优环境规制政策组合，为环境规制政策设计提供理论支持。

（4）从理论上证明激发企业内生性环境治理的环境规制政策抉择机制，并进行实证检验。

本书的结构框架图：

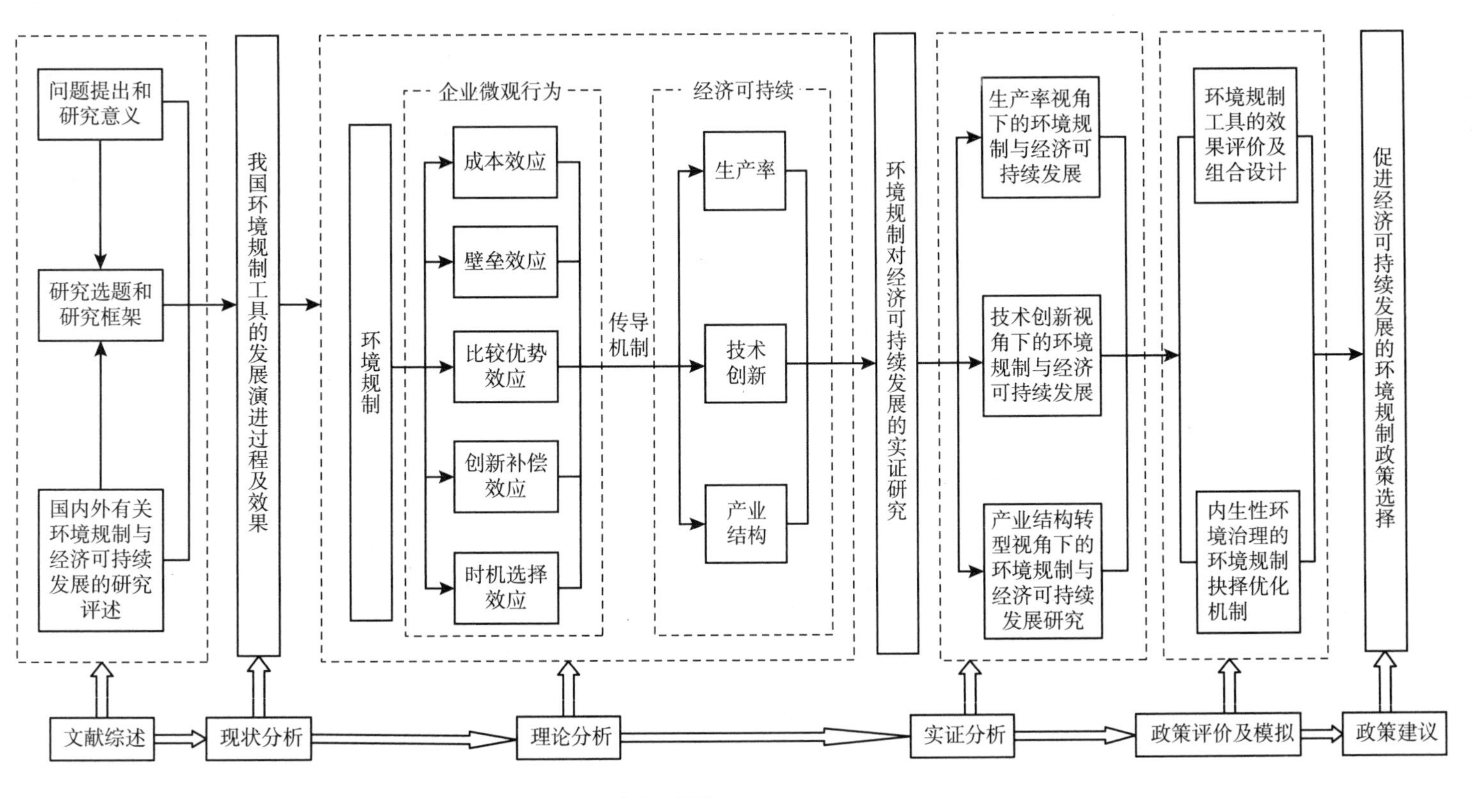

问题提出和研究意义
研究选题和研究框架
国内外有关环境规制与经济可持续发展的研究评述
我国环境规制工具的发展演进过程及效果
环境规制
企业微观行为
成本效应
壁垒效应
比较优势效应
创新补偿效应
时机选择效应
传导机制
经济可持续
生产率
技术创新
产业结构
环境规制对经济可持续发展的实证研究
生产率视角下的环境规制与经济可持续发展
技术创新视角下的环境规制与经济可持续发展
产业结构转型视角下的环境规制与经济可持续发展研究
环境规制工具的效果评价及组合设计
内生性环境治理的环境规制抉择优化机制
促进经济可持续发展的环境规制政策选择
文献综述
现状分析
理论分析
实证分析
政策评价及模拟
政策建议

本书的结构构架

目　录

第1章　环境规制与经济可持续发展的基本理论

环境规制通过改变企业决策行为而影响产业发展，推动产业结构的转型升级，促进生产率和技术创新能力的提高，进而影响经济可持续发展。本章主要介绍环境规制与经济可持续发展的基本理论，包括环境与环境规制的含义、经济可持续发展的定义、环境规制对经济可持续发展的作用机理、环境规制工具对经济可持续发展影响的差异性等几个方面的内容。

1.1　环境规制

1.1.1　环境

1. 环境的内涵

关于环境的内涵有不同的表述。环境科学领域中环境是人类进行生产生活、生存发展的场所和基础，是以人类社会为主体的外部世界的总体。根据《中华人民共和国环境保护法》，环境是影响人类社会生存和发展的各种天然的或人工改造的自然因素总体，包括水、大气、海洋、土地、矿产、草原、森林、野生动物、自然古迹、人文遗迹、自然保护区等。环境包括自然环境和社会环境，这里仅讨论自然环境。自然环境是人类生存和发展所必需的自然资源和自然条件的总称。自然资源与自然环境是密不可分的，自然资源是自然环境的重要组成部分。自然环境按其组成要素可分为大气环境、水环境、土壤环境和生态环境。

人类的生产和消费活动需要消耗大量的自然资源，同时也会向环境排放大量污染物。图1－1给出了经济社会发展与资源环境之间的相互作用。外围的粗线框表示环境边界，是一个热力学封闭系统。穿越粗线框的箭头表示环境接受太阳能量输入。与社会经济活动相关的环境具有三项功能，分别是能源供给、废物吸收和友好服务，图中上面的三个框表示环境的三项功能。框中的内容表示人类的经济活动处于环境之中，主要的活动有两类生产和消费，均需利用环境的三项功能，即生产和消费都要消耗资源，需要从环境中开采资源和能源；产生污染物排放，一小部分进行循环利用，较大部分进入环境之中；同时需要环境为生产和消费活动提供活动空间。图中也给出了资本储备，即一些非消耗性的生产活动的产出增加可再生资本存量，进而为生产活动及环境的改善服务。

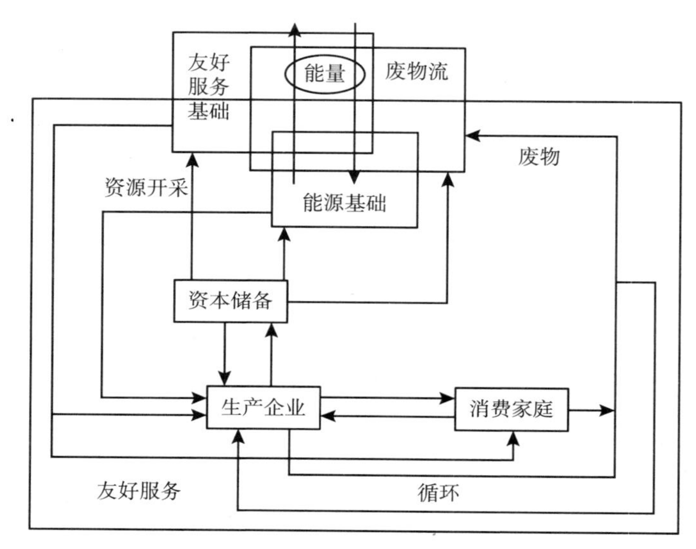

图 1－1　环境与经济活动的相互关系

资料来源：该图引自康芒（Common，1995）的研究，然后由罗杰·珀曼等人进一步完善的图表。

西伯特（2002）从经济学视角认为环境具有四项基本功能。第一，环境是一种公共消费产品。作为公共消费产品，环境提供直接消费品和消费投入品，如水、能源、空气和自然风景等。第二，环境提供资源供给。环境是经济社会系统消耗的物质资源的来源，为人类的生产、消费和生活等各种活动提供所需的原材料和能源。环境提供生产活动的投入要素，如水、空气、能源和矿产资源等，通过生产加工形成最终消费品。第三，环境的沉淀功能。生产和消费活动所产生的废弃物（如废水、废气和固废）进入环境之中。社会经济活动产生的废弃物排放到空气、水体或土壤，这些去向称为“沉淀”。沉淀功能是指环境对废弃物的吸纳、转移、分解和处理的功能，为了保护环境，废弃物的排放应该在环境的承载能力范围之内。第四，环境具有区位空间功能。环境为社会经济活动提供物理空间，如为工业生产、人类居住和农业生产等提供用地。

从环境的功能来看，经济社会发展依赖于环境，从环境中获取物质资源再将废弃物排放到环境中。经济发展所导致的环境问题是环境的稀缺性以及作为不同目的用途之间对稀缺资源的竞争问题。

2. 环境的外部性

马歇尔（1890）首先提出外部性经济理论，认为外部性是指企业或者个人的活动对他人带来的无意的且无须补偿的副作用。庇古（1920）认为当边际社会收益和边际私人收益不一致时，经济主体以追求利益最大化为目标，会利用环境为媒介释放负外部性。萨缪尔森和诺德豪斯（1948）认为外部性是企业或个人在生产或消费过程中对其他企业或个人带来了无须补偿的成本或无须补偿的收益。斯蒂格利茨和沃尔什（1993）认为当个人或厂商的行为对他人造成影响时，如果没有对这种行为给予支付或获得补偿，就会产生外部性。总的来看，外部性的核心是某一主体的经济活动对其他主体或社会产生影响，并且这种影响是非市场化的。外部性价格体系不能有效传递资源稀缺程度的信号时，会导致资源配置缺乏效率。

从经济学视角来看，经济活动的环境外部性有两个方面：正外部性和负外部性。正外部性是改善环境的质量和资源的可持续性，负外部性是产生污染物排放、消耗不可再生资源，进而影响人类的生产生活。经济社会发展引起环境问题，而环境问题产生的原因是人类生产和消费过程中对自然资源的过度消耗和排放污染物而带来的负外部性效应。环境负外部性的原因是环境所提供的物品和服务具有公共品、非市场化和跨时空的属性。公共物品属性使得环境产权很难界定，提供者无法从中获益；非市场化属性使得环境的价值很难货币化度量；跨时空属性造成环境的不可持续性问题。环境的负外部性特征会导致社会成本和私人成本的分离，造成污染的过度排放问题。

产生环境负外部性的经济活动主要来自于企业的生产活动。大多数企业受利益驱动对外部性问题往往采取回避态度。由于缺少有效的价格机制，外部性效应常常导致资源环境使用的扭曲。有效的价格机制应是一种非均衡价格机制，即对外部效应的制造者设定非零价格，对外部效应的消费者设计零价格机制。然而，市场价格是供给者和消费者之间均衡的结果，需要确定一套有效的激励机制来弱化环境负外部性效应，实现污染制造者和受害人之间的帕累托效率最优。政府可以制定相应的惩罚机制对污染企业和个人进行处罚或收费，使环境在经济价值上获得补偿，以实现资源有效利用和环境保护，解决环境的外部性问题。

1.1.2 环境规制

1. 环境规制的概念

关于规制的内涵，学者们有许多不同的阐述。规制又称为政府管制，是一种社会管理方式，存在于极端的政府所有制和自由放任的市场之间（殷宝庆，2013）。斯蒂格勒（Stigler，1971）认为行业本身需要监管，为了行业权益，产生规制。植草益（1992）认为规制是社会公共机构遵照特定的规则对企业活动进行限制的行为。德恩（Doern，2002）指出规制是一系列有关组织、思想、状态、利益和过程的控制规则与措施的集合。概括来说，规制是由具有法律地位、相对独立的政府管理部门为改善市场机制的内在问题而对经济主体活动执行的干预或限制行为。规制是为了保护公共权益，政府既是市场主体也是规制主体。

环境规制，也可称为环境管制，是政府为预防和控制污染排放和保护环境，制定相应的法律法规及环境保护标准，通过行政手段来干预企业的生产行为和污染排放，将环境污染带来的负外部性降到最低水平，实现环境保护和经济可持续发展的目标。传统的规制理论认为环境负外部性对市场资源的配置效率产生影响，环境规制的目的在于解决环境市场失灵问题。环境规制也是一种社会性规制，不仅会给污染者带来额外成本，也会对公众带来社会收益，这体现为一种“利益守恒”。政府在实施环境规制时，既要对污染者的行为进行约束，也要关注对社会公众及环保主义者的影响，是一种多方权衡。

对于环境规制的手段，命令控制型的环境规制这种直接干预方式一直占据主导地位。随着市场经济的发展，政府不断拓展环境规制的范围及手段，环境税、排污权交易等市场激励型环境规制不断出现，政府的环境规制呈现行政直接干预与市场间接干预相结合的趋势。行政直接干预采用强制手段限制企业的污染排放，市场间接干预有利于激发企业提高加强绿色技术研发，提升技术创新能力，实现环境保护与企业绩效的双赢。近年来，公众环保意识逐步增强，公众和社会组织积极参与环境事务，对企业与政府在环境领域的行为监督作用逐渐扩大，因此政府、企业、公众与社会组织都是环境规制的重要主体。

2. 环境规制政策工具的类型

环境规制是一个综合的概念范畴，不仅包括环境规制的主体（如政府、企业、公众和行业协会等）、环境规制的客体（如企业和个人）、环境规制的目标等，还包括各种不同类型的环境规制政策工具。其中，环境规制政策工具是实现环境规制目标的手段，政策工具是否有效直接影响环境规制的效果。本书的重点考察环境规制政策工具。

关于环境规制政策工具的类型，学者们给出多种不同的分类方法。如张嫚（2005）认为环境规制工具包括正式和非正式环境规制工具两类，正式的环境规制工具包括命令控制型和市场激励型环境规制工具。斯特纳（Sterner，2005）认为环境规制工具包括命令控制性、市场创建、利用市场和公众参与等四种类型。张弛和任剑婷（2005）认为环境规制工具由进口国环境规制、出口国环境规制和多变环境规制三种类型构成。金碚（2009）将环境规制政策工具分为命令控制式、经济方式和产权方式三类。特斯塔（Testa，2010）认为环境规制政策工具应分为直接规制、经济工具（或称市场化工具）和"柔性"工具。这些分类方法的视角不同，但基本上都涵盖了具体的环境规制工具内容。

借鉴赵玉民等（2009）等研究，基于环境规制工具的演进过程，将环境规制政策工具分为隐性环境规制和显性环境规制两大类。隐性环境规制是公众出于社会责任和环保意识，自愿地进行环境保护的方式。显性环境规制是以环境保护为目标，以企业或个人为规制对象，各种法律法规、标准和协议等为存在形式的一种环境保护约束机制。其中，显性环境规制工具又分为命令控制型、市场激励型和自愿性环境规制等三类工具，是目前得到学术界普遍认同的分类方法。命令控制型环境规制是指政府环境保护部门通过制定法律、法规、政策和制度等来确定技术标准、排放标准及减少的排污量等，迫使污染者将其排放的污染成本内部化，并且通过行政命令的方式要求企业予以遵守，以达到改善环境质量的目的。其一般形式有排放标准、生产过程标准、绩效标准、能源或废弃物削减标准等。市场激励型环境规制是指政府在紧密联系市场机制的基础上制定的法律法规。其一般形式有环境税、排污费、减排补贴、可交易排污许可证和税费减免等。自愿性环境规制是指以非强制或自愿途径来实现环境保护的规制模式。一般包括生态标签、环境管理认证与审计、环境协议等工具。

各种不同类型的环境规制政策工具比较如表 1 -1 所示。

表 1-1　　不同类型环境规制工具各因素比较

政策类别	显性环境规制			隐性环境规制
	命令控制型	市场激励型	自愿性	
政策工具	排放标准、生产过程标准、能源或废弃物削减标准等	环境税、排污收费/税、减污补贴、押金返还、可交易许可证、税费减免等	如生态标签、环境管理认证与审计、环境协议等	无形的环保意识、环保态度等软约束
规制主体	立法行政部门	立法行政部门	政府、企业、行业协会、公众、社会团体等	借助学校教育、信息披露及奖惩机制
规制客体	所有个体和组织	所有个体和组织	以盈利为目的的企业组织	所有个体和组织
特点	运行成本高；环境保护效果显著；技术创新激励程度不高	运行成本低；环境改善效果不确定；技术创新激励显著	运行成本低；环境改善效果不确定；技术创新激励显著	运行成本低；环境改善效果显著；技术创新激励显著
优缺点	优点：简单易行，应付复杂的环境和技术风险具有优势 缺点：缺乏灵活性；阻碍绿色技术的发展，降低企业技术创新的激励；容易产生寻租行为，导致经济效率不高，规制效果不佳	优点：较高的治污效率；灵活性强；激励效果好 缺点：实施过程中的障碍较多，如税率的确定，有些工具的适用范围小	优点：政府的监管成本低，规制主体拥有较大的自主权 缺点：不具有法律约束力，自愿环境规制执行难度大	优点：成本低，主动性的环保行为 缺点：不具有法律约束力，规制的时间、形式和效果难以预测

1.2　经济可持续发展

1.2.1　可持续发展

1. 可持续发展的内涵

世界各国的经济发展轨迹一直沿袭着资源开采、生产、污染物排放、产品消费和废弃物抛弃的线性过程。各国的经济总量不断扩大，但是生产和消费过程的资源消耗和污染物排放使人们赖以生存和发展的自然环境不断恶化，人们的生活水平和健康受到严重威胁，环境问题严重影响经济社会的可持续发展。

世界自然保护联盟在《世界自然保护战略》（1980）中首次提出了可持续发展，认为可持续发展强调人类利用生物圈的管理，使生物圈既能满足当代人的利益，又能满足后代人的需求与欲望。自此以后，可持续发展受到学术界广泛讨论，从自然科学、社会学和经济学等多个不同的视角对可持续发展的内涵进行了界定。

（1）自然属性视角的可持续发展定义。自然属性视角的可持续发展强调生态可持续性。1991 年，国际生态学研究会（INTECOL）和国际生物学联合会（TUBS）举办可持续发展专题研讨会，提出可持续发展是保护和加强环境系统的生产和更新能力。穆纳辛格和沃尔特（Munasinghe & Walter，1995）认为可持续发展是寻求一种最佳的生态系统，以支持生态系统的完整性和人类愿望的实现。

（2）社会属性视角的可持续发展定义。世界自然保护同盟（IUCN）、世界野生生物基金会（WWF）和联合国环境规划署（UNEP）共同发表《保护地球——可持续性生存战略》（1991）一书，将可持续发展定义为在不超出维持生态系统承载能力的情况下提高人们的生活质量。

（3）经济属性视角的可持续发展定义。经济属性视角的可持续发展的核心是经济发展。世界银行发布的《世界发展报告》（1992）提出可持续发展的定义，认为可持续发展是建立在审慎的经济分析基础上的发展，加强环境保护，从而促进福利增加和可持续水平的提高。巴比尔（Barbier，1989）认为可持续发展是在保持自然资源的质量和提供服务的前提下使经济增长达到最大限度。皮尔斯和沃福德（1996）认为可持续发展是自然资本不变前提下的经济发展，当代人的资源环境消耗不应减少未来人们的福利。

总的来说，上述从不同视角提出的可持续发展定义有所侧重，没有形成统一的共识。目前来看，被普遍接受的可持续发展定义有两个：一是简单的可持续发展定义，世界环境与发展委员会在《我们共同的未来》（1987）中提出可持续发展既要满足当代人的需要，又不对后代人满足其需要的能力造成影响。二是具体的可持续发展定义，联合国环境规划署理事会在《关于可持续发展的声明》（1989）中提出可持续发展是指满足当代人需要而又不削弱后代人满足其需要能力的发展，并且不侵犯国家主权。可持续发展涉及国内合作和国际均衡，向发展中国家提供援助，实现世界各国特别是发展中国家的持续经济发展。可持续发展还要保护、合理使用自然资源，实现生态承载力与经济增长的均衡。可持续发展还要在发展计划和政策中纳入对环境的考量。

因此，可持续发展本质上是一种全人类持续健康发展的理想模式，强调人类的经济社会与资源环境之间的协调发展，也注重协调发展的可持续性，实现资源在时间和空间上的公平合理分配。

2. 可持续发展的内容

可持续发展涉及自然资源、环境、经济增长和社会公平等各种要素，是建立在经济可持续性、生态可持续性和社会可持续性基础之上的人与自然的协调发展。可持续发展包括经济可持续发展、生态可持续发展和社会可持续发展三个方面。

（1）生态可持续发展。从生态经济学视角，社会经济系统是建立在自然生态系统基础之上的开放系统，人类社会经济活动都是在自然生物圈中进行的。经济社会活动所需要的物质和能量来源于生态系统，因此生态系统是经济社会活动的基础。经济社会发展以良性循环的生态系统及资源环境的持久和稳定的供给为基础，确保生态系统得到有效的保护，使其长期稳定地支撑经济社会的持续健康发展。

（2）经济可持续发展。经济发展在满足当代人的需求的同时，应着眼于人类发展的长期利益和保障后代人的需要。经济可持续发展强调当代发展与后代发展之间的均衡，也要确保经济社会发展和生态环境保护之间的良性循环，把人类发展的长期利益和短期利益统一起来，以满足当代人和后代人的共同需求。经济可持续发展模式下的经济增长既重视经济规模和经济总量的增加，更强调经济结构的改善，还要兼顾资源的节约和环境保护，提高经济效率，进而实现经济的稳定持续发展。

（3）社会可持续发展。社会可持续发展的核心是以人为本，强调人类物质和精神生活等不同需要的满足，生活质量的不断改善和社会公平的实现。社会可持续发展是一种长期促进社会公正、文明和健康发展的社会进步过程。

可见，可持续发展是由生态、经济和社会可持续发展等内容构成的有机整体，经济社会发展不仅要追求经济效益，还要关注社会效益和生态环境效益，实现经济效益、社会效益和生态效益的统一。

1.2.2 经济增长与经济发展

20 世纪 40 年代末到 60 年代初，传统的西方发展经济学中，一般将经济发展定义为结构的改变，表述发展中国家的经济运行情况多采用“经济发展”；将经济增长定义为产出的增加，表述发达国家的经济运行情况多采用“经济增长”。但当时一些经济学家认为经济发展与经济增长基本上具有相同的内涵，只是表述形式有所差异。美国发展经济学家雷诺兹认为经济发展与经济增长可以相互替代使用，两者都重视经济总量的增加，认为经济发展是资本积累、人力资本改善及技术进步等因素共同作用的结果。但是，各国通过推进工业化进程使经济总量不断扩大，也带来了如贫富差距扩大、失业增加、生态环境的恶化等许多社会问题，人们开始重新反思这种经济发展理念的合理性。20世纪60年代中期，学术界对经济发展和经济增长的内涵进行了界定，认为经济增长仅代表经济总量或人均产出的增加，而经济发展则包括更多的含义，既包括经济总量的增加，也包括经济结构的优化和人们生活质量的改善。金德尔伯格和赫里克（1986）认为经济增长关注更多的产出，而经济发展既包括更多的产出，也包括产品生产和分配所依赖的技术和体制安排的变革。经济增长包括扩大投资而带来的产出增加，还包括生产效率的提高。经济发展的含义还包括产出结构的变化以及部门投入分布的变化。与西方传统发展经济学不同，他们认为经济发展并非只是存在于发展中国家，而是关联所有国家；功能的变化总是包含着规模的变化。因此，经济发展和经济增长虽然都追求经济总量的提高，但经济增长关心的重点是物质的改善和生活水平的提高；而经济发展更关注经济结构的改变，以及经济运行质量和效益的提高，社会制度、经济制度、价值判断和意识形态的变革，降低资源消耗和改善生态环境的状况，以及经济社会发展与环境的协调。经济发展着眼长期而不是短期，经济发展包含经济增长，但不等同于经济增长。

1.2.3　经济可持续发展

上一节对经济增长和经济发展的含义进行了比较，而它们仅仅代表了对经济运行结果的表述，更应关注代表经济运行状态的经济发展方式。经济发展方式是经济发展的要素投入和组合方式，即经济发展的实现途径。传统的经济发展方式是以资源消耗和环境污染为特征的不可持续经济发展模式。经济可持续发展是一种强调自然资源节约和环境保护的长期经济发展模式。转变经济发展方式的目的就是要降低资源消耗，减少污染排放，通过经济结构的优化、人力资本的提高和技术创新来推动经济可持续发展。世界各国普遍认识到工业革命以来所实现的高速经济增长，付出了极大的环境和社会成本，工业文明是一条不可持续的发展道路。需要寻求实现经济发展与环境保护协调均衡的全新发展道路，即生态文明的经济可持续发展道路。

国内外学者对经济可持续发展的内涵进行了许多不同的表述。国外学者多从经济学分析视角来描述可持续发展，国内学者则从可持续发展体系将经济可持续发展独立出来进行表述。从经济学角度，巴比尔（Barbier，

1989）将可持续发展定义为保持自然资源的质量和数量的前提下，使经济总量增加到最大限度，实现经济净利益的最大化。皮尔斯和沃福德（1996）将经济可持续发展定义为自然资本不变前提下的经济发展，或当代的资源使用不应减少下一代的福利。该定义中的经济发展是以不降低环境质量和不破坏自然资源为基础的经济发展，并且经济发展在保证当代人福利增加时，也不减少后代人的福利。刘思华（1997）指出经济可持续发展是经济发展的生态环境代价和社会成本最低的经济发展方式。该定义强调资源环境的合理使用达到经济产出的最大化，同时人类的经济福利水平随着时间推移不断增长，并实现代际平衡。杨文进（2002）认为经济可持续发展是在一定的资源环境基础上使当代人的经济福利不断改善的同时，实现经济福利的代际均衡。

国内外学者对经济可持续发展的内涵观点基本相同，经济可持续发展重点强调两个关系：一是经济发展与资源环境保护的关系；二是经济福利的代际平衡。从经济发展与资源环境保护的关系来看，不片面强调经济发展而牺牲资源环境，也不片面强调资源环境保护而牺牲经济增长，而使二者有机结合起来，实现资源环境合理使用与经济可持续发展协调。从经济福利的代际平衡来看，兼顾考虑当代经济发展与未来经济发展的均衡，使当代人和后代人拥有同样的资源环境基础、发展机会和福利产出。

1.3 环境规制对经济可持续发展的作用机理

经济可持续发展的内涵包含了两个方面：一是经济发展与资源环境的协调，二是经济发展的代际协调。本书重点关注第一个方面经济发展与资源环境的协调。环境资源具有竞争性和非排他性，其稀缺性及产权的不明晰造成了市场失灵。当市场在交易成本很高、信息不对称、产权难于界定和分配时，便会出现私人难以解决的环境问题。因此，需要政府来制定政策和法规来预防和治理环境问题。政府通过不同的环境规制工具对环境问题进行治理，这些规制工具的选择会对企业的经营行为造成影响，进而影响经济发展。对于经济发展可以从生产率（代表经济增长）、技术创新和产业结构三个方面来表征，能够比较准确的刻画经济发展。环境规制对经济发展三个方面内容影响的大小、方向和持续时间的长短，都将会影响规制政策的制定和执行程度。因此，本书将围绕环境规制与生产率、技术创新和产业结构转型的关系展开。

本节将从理论上阐述环境规制对生产率、技术创新和产业结构的作用机制。在环境规制的约束下，企业会受到影响并做出反应，从而影响企业的要素成本、利润、技术创新和战略选择，间接地改变着产业结构和全要素生产率，最终改变经济增长的速度和方向。由于产业结构和经济增长密切相关，产业结构的改变和经济增长的联动性很强，这里将环境规制对两者的作用机理进行综合阐述。而环境规制对于技术创新的影响方式与对产业结构和经济增长的影响不同，因此本节也将对技术创新的影响进行分析。

1.3.1 环境规制对生产率和产业结构的作用机理

图1-2给出了环境规制对于生产率和产业结构的作用机理，图中从环境规制对于企业的成本施加影响，通过某种机制（黑箱）来影响生产率和产业结构，最终影响经济的发展和环境的改善。那么这个黑箱中究竟包含了哪些影响因素？在环境规制约束下，企业需要对生产活动产生的污染排放进行治理，导致企业生产成本不断提高，进而影响企业的绩效。受利益最大化的驱动，企业通常将这一成本转嫁给消费者，进而影响消费者的需求和消费结构，最终会对产业结构和经济增长产生影响。另外，企业也可能采取一些能够降低生产成本的方式来提高利润，如企业可以通过产业转移来降低环境规制成本；也可以通过技术创新来弥补成本增加，技术创新就会促进产业结构的不断变迁。如果企业无法消除环境规制带来的成本时，企业可能改变其投资结构和方式，引起产业结构的变化。环境规制下企业生产成本的增加对于潜在进入企业来说会形成壁垒效应，阻止新企业的进入。这样会影响生产率和产业结构，最终影响经济增长。

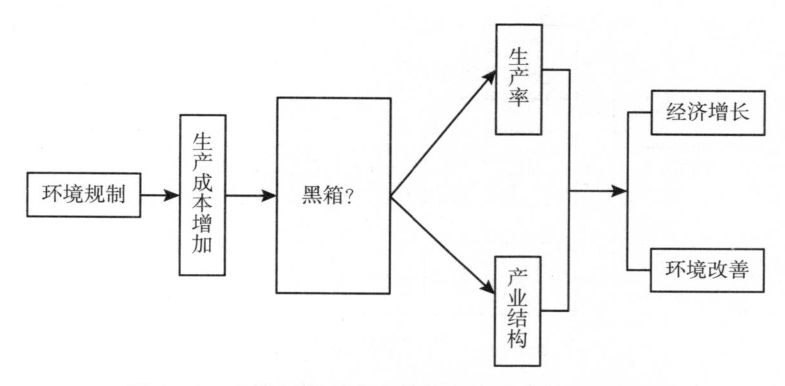

图1-2 环境规制对产业结构和生产率的作用机理

本节从五个方面对环境规制对产业结构和生产率的作用机理进行阐述。一是通过实施环境规制对于家庭部门和企业部门的作用来影响生产率和产业结构；二是环境规制产生的资本和技术壁垒导致的影响生产率和产业结构的变化；三是环境规制在发展中国家和地区形成“污染避难所”效应，从而形成产业和技术转移的比较优势效应，进而影响生产率和产业结构转型；四是环境规制对企业技术创新的影响，产生创新补偿效应，从而提高生产率和促进产业结构转型升级；五是环境规制治理时机的选择对于生产率和产业结构产生影响。

1. 成本效应

环境规制是政府为了抑制企业及公众的社会经济活动中所产生的环境污染，而制定并实施环境规制政策工具，如图 1－3 所示，环境规制必将通过成本效应影响社会经济活动中的消费需求、投资需求和消费投资结构。在这里，消费需求主要是指个人（家庭部门）的消费需求，企业生产的动力是为了满足消费者的个人消费需求以获得经济利润，因此，个人消费结构是企业产品生产的依据。个人消费结构的变化是企业生产结构变迁的根源，社会产品日益丰富的背景下，公众的消费结构发生着巨大变化，这种消费结构的变迁会推动产业结构的变迁。投资需求是企业发展的重要因素，投资结构的变化反映了企业资本在不同产业间的重新配置，这种配置的变化就会带动产业结构的转型升级。消费投资结构反映了公众生产性资源重新配置的情况，这种生产性资源的重新配置会促使生产结构导向性的变化，并推动产业结构的转型升级和经济发展。下面从家庭部门、企业部门以及家庭和企业部门的投资结构这三个中间渠道来分析环境规制对产业结构，进而对经济增长的影响。

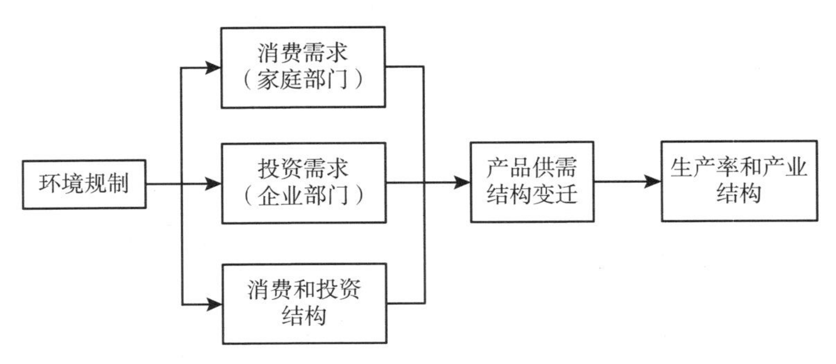

图 1－3　环境规制的成本效应

对家庭部门来说，环境规制通过影响家庭的储蓄决策进而影响经济增长。穆塔蒂（Mohtadi，1996）认为消费和环境质量可以互补，当政府执行较为严格的环境规制时，家庭预期未来的环境质量会得到改善，愿意减少部分当期消费而提高储蓄水平。迈克尔和罗迪伦（Michel & Rotillon，1995）认为当环境规制强度提高时，家庭的环保意识提高，对于环境质量的不满会导致家庭放弃部分当期消费，从而提高储蓄水平。家庭的储蓄行为会影响资本市场的供给，家庭对环境质量不满会促使边际储蓄倾向增加，资本市场的供给充足，进而资金使用成本下降，投资回报率上升，使得社会投资意愿得到加强。长期来看，储蓄和投资意愿提高将会增加社会物质资本的积累，消费倾向的改变也促进企业生产和投资的变化，因此消费结构的改变带动产业结构和投资结构的调整，最终带动经济增长。

对于企业部门来说，企业的生产伴随污染的排放，当外生条件不变时，企业的扩大再生产会导致污染的进一步增加。环境规制的实施会影响企业的生产，首先，环境规制会从总量上对企业的污染行为进行控制，从而迫使企业在技术条件不改变的情况下减少生产投资来满足企业的污染排放控制要求；其次，环境规制对于不同企业的约束存在差异，对于高污染的行业有着较高的成本影响，而对于低污染的行业则成本效应较低，从而引导资本在不同行业之间进行流动，从而改变产业结构，使得高能耗高污染行业的经济产出降低，低能耗低污染行业的经济产出增加。

家庭部门代表的消费需求和企业部门代表的投资需求存在着交互影响，会导致生产的产品和消费需求的结构变化，可能的变化是消费结构更趋于环保低碳，例如购买更小排量的汽车；产业结构更加集约化，企业将采用更加环保的技术进行生产，从而促进生产率的进步，并影响经济增长。

2. 壁垒效应

进入壁垒是已有企业相对于潜在企业的进入优势，包括规模经济、成本优势、资金优势、技术优势和产品差异化等方面。如图1－4所示，严格的环境标准、环境税费惩罚等规制政策会成为潜在企业的进入壁垒，阻碍新企业的进入，保护现有企业。

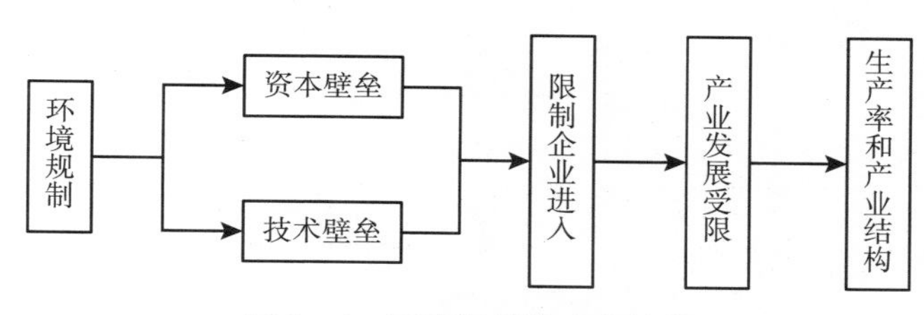

图1－4　环境规制的壁垒效应

一方面，环境规制会对企业的进入产生资本壁垒效应。新进入市场的企业需要积累一定的资本来进行投资和再生产。环境规制对于企业的污染排放进行限制，如三废排放总量的限制和三同时的规定，为了达到规制的要求，企业在进入市场时，必然要增加环境设备投资。随着环境规制强度的提升，企业对环境设备的投资也需要不断增加，产生资本壁垒效应。资本壁垒阻碍资本较少的企业进入市场的可能性，从而减少了市场竞争，提高了现有企业对市场的垄断，从而会阻碍市场效率，影响经济增长。

另一方面，环境准入标准的提高对企业的进入产生技术壁垒效应。对于不同产业而言，新进入市场的企业存在于不同的行业中，对于大多数行业，环境规制不仅对企业污染排放进行总量控制，而且还会制定比较详细的技术标准。技术壁垒形成的原因，一是新进入的企业必须满足环境规制要求的技术标准，而已经存在于市场的企业，则被允许在一定时间内继续使用原有的技术标准进行生产，从而形成新旧企业之间的技术差异，对新进入企业产生技术壁垒。从短期来看，这种技术壁垒会对市场造成负面影响，没有达到排放标准的企业凭借先进入优势采用落后技术进行生产，而新的企业又不能进入市场，从而造成效率损失和产量下降，最终阻碍产业结构调整和经济增长。二是存在于市场的企业是往往是技术标准的制定者，并对所使用的生产技术进行保护和垄断，从而对新进入市场的企业形成技术壁垒。这种技术壁垒会造成原有企业的技术垄断，导致生产效率损失，在短期内也会阻碍技术进步和生产率的提升，不利于产业结构转型和经济增长。

3. 比较优势效应

环境规制不仅会促使企业的生产成本提高，还会进一步促使产业出现地理位置上的转移，进而影响产业结构。“污染避难所假说”现象能够很好地解释环境规制基于比较优势效应引发的国际间的产业转移和国际贸易，如图 1－5 所示。

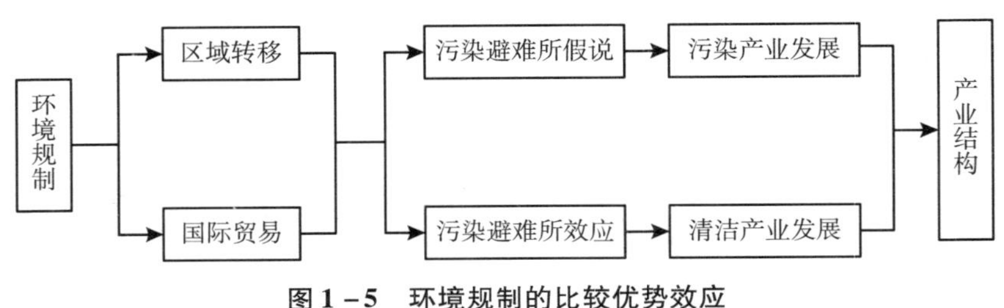

图 1－5　环境规制的比较优势效应

“污染避难所假说”最早由科普兰和泰勒（Copeland & Taylor，1994）提出，他们指出在自由贸易条件下，经济发展程度较高的国家往往实施较为严格的环境规制，采取征收污染税的措施，这样将会增加企业的生产成本，此时，厂商将会选择向环境规制较弱，污染税率较低的地区转移，以保证企业的生产收益，最终导致环境规制较弱的地区成为污染密集型产业的集聚地区，称为“污染避难所”。同样经济发展水平的差异，使得经济发展水平相对落后的地区为促进本地区的经济增长，往往会推行门槛较低的污染产业环境准入标准，以此来吸引发达国家的产业转移，吸收污染密集型产业的外商投资，推动本国经济发展，由此主动地成了发达国家的污染密集型产业的“污染避难所”。环境规制差异造成的不同国家和地区间的产业转移，进而影响这些国家和地区的产业结构和经济增长。

经济全球化推动各国之间的贸易往来不断加强，国际间产业分工逐步明确，资源和技术在全球范围内自由流动和重新分配，环境规制是国际间资源流动和分配的重要推动力之一。20 世纪 70 年代开始，发达国家认识到环境污染的危害，设定严格的环境规制计划，减小污染密集产业的比重，着力推动清洁环保型产业发展，促进产业结构转型。由于人们对污染性产品的刚性需求，发达国家为了保护环境只能将这些产品的生产转移到发展中国家和落后地区，用进口的方式消费污染型商品，保护自身环境，这就是环境规制基于比较优势效应引发的国际贸易。

另外，对于一个国家内部，经济的快速发展也会导致区域间发展不均衡，环境规制导致的比较优势效应同样会引起国家内部不同区域的产业转移。以我国为例，东部沿海地区经济发达，中西部发展落后。经济发展较好的东部地区环境规制强度逐渐增加，而中西部地区由于受到经济发展的制约，愿意用较低的环境规制强度来吸引东部地区的产业转移，这种由于环境规制影响造成的企业转移并没有改变全国范围的产业结构，但会影响不同地区的产业结构，另外由于污染程度较低区域的环境自降解能力较强，也能在一定程度上改善环境的污染程度。

4. 创新补偿效应

对于环境规制的经济影响，早期的理论研究都集中于分析环境规制会导致企业成本的上升，产业经济实力的下降。而波特（Porter，1991）提出了相反的观点，他认为环境规制并不会促使产业竞争力与经济增速下滑，反而会促使产业竞争力提升。波特和林德（Porter & Linde，1995）认为恰当的环境规制会促进企业研发，从而提高企业的生产率，称之为“波特假说”。从短期静态的角度来看，环境规制强度的提升会加大企业在污染控制方面的投入，挤占企业的生产投入和技术研发投入，进而降低企业的竞争力。从长期动态的角度来看，企业通过改进生产技术、加大资源的循环利用等方式，减少稀缺资源消耗及污染排放，环境规制会促进企业的研发和技术创新，减少企业的污染排放，提高企业的生产率，促进产业结构转型。图 1 –6 显示了环境规制对生产率和产业结构的创新补偿效应。

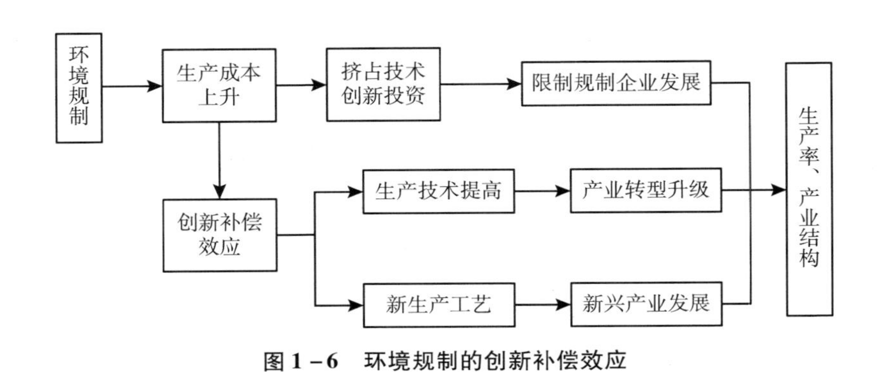

图 1 –6　环境规制的创新补偿效应

如图 1 –6 所示，一方面，企业根据环境规制的要求进行相应的治理污染投资，会造成企业成本的上升，从而阻碍企业的再投资。企业可能为了节约资金，减少对于研发的投入，从而降低企业的技术创新能力，影响企业新产品的研发及市场宣传，从而造成企业的利润下降，减弱市场和产品竞争力。另一方面，环境规制提高企业的成本对技术创新有着正向激励作用。长期来看，企业接受环境规制对生产过程中的污染排放收费会提升企业成本，影响企业的收益，企业将在“遵循成本”与技术创新之间进行权衡，当技术创新收益高于“遵循成本”时，通过绿色技术创新，不仅能够抵销创新成本，同时对于增加经济产出更有利，产生创新补偿效应。技术创新有两种途径：一种是直接用于减排的环境技术创新，使企业的排放达到环境规制的标准，进而提高生产率，同时，企业也可将控制减排的技术作为产品进行销售，形成新的污染治理产业。另一种是在产品的生产环节进行技术创新，使产品的生产符合环境规制的控制要求，从而在整个生产过程中进行控制。这种控制不仅促进了新的技术发明，而且通过该技术创新使新产品符合环境规制要求，从而产生技术进步带来的溢出效应，技术可以使用在其他产品的生产中，从而规模地降低企业的成本。这种途径会带来产业结构的升级，从而最终影响经济增长。

5. 时机选择效应

环境规制的实施时机对于生产率和产业结构有着不同的影响。图 1 –7

给出了环境规制对生产率和产业结构的时机选择效应原理。环境规制的实施时机可以分为预先控制和事后治理两种模式。斯托基（Stokey，1998）提出了在内生增长理论下可持续发展问题的基准框架。阿吉翁和豪伊特（Aghion & Howitt，1998）扩展了斯托基的工作，设定了环境质量下限，在这个假设下，为了保证环质量不低于下限，污染指数在长期必须趋近无穷小，使得消费呈现负增长，经济增长无法持续。孙刚（2004）采用了斯托基－阿吉翁（Stokey－Aghion）模型框架，将环境规制对于经济增长路径的影响划分成两种类型：第一种类型是对污染排放密度不加控制，将污染排放标准设定为外生变量。由于环境污染和经济增长正相关，环境规制部门只能在已经制定的相关环境标准条件下，通过追加环保投资来改善环境质量；第二种类型是允许污染排放标准变化，这种变化可以被环境规制的政策制定者所控制。第一种类型称为事后治理模式，第二种类型称为预先控制模式，两种模式对于生产率和产业结构的影响称为环境规制的时机选择效应。

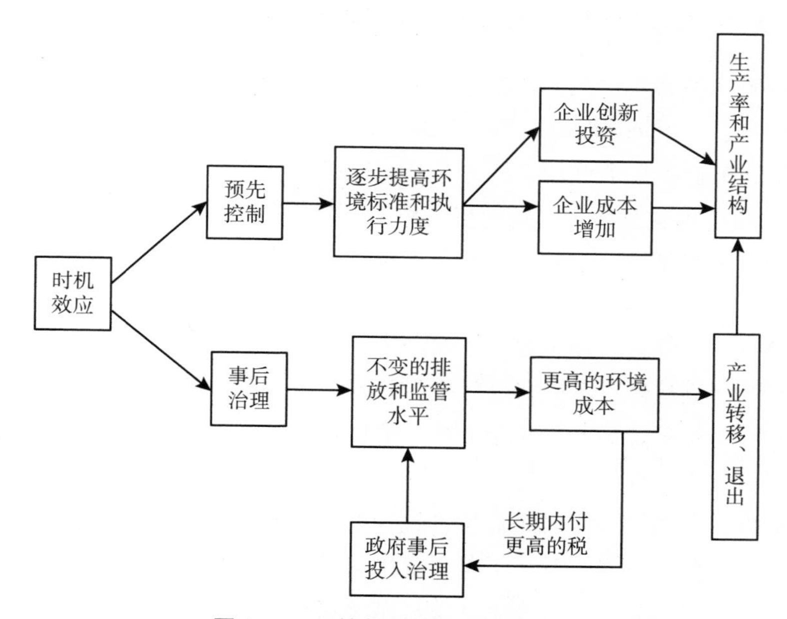

图 1－7　环境规制的时机选择效应

事后治理的模式是各个国家通常所采用的政策，即先污染后治理的模式。在事后治理的模式下，环境规制的强度和监管水平已经被事先设定，企业可以根据设定的水平达到自己最高而不是最优的排放水平。这种规制模式会鼓励企业在没有达到排放水平时扩大生产，并进一步进行污染排放。从短期来看，这种模式会鼓励企业扩大生产规模，增加产量，从而促进经济发展，但是长期来看，污染积累会对环境造成更大的破坏。政府为了治理环境污染，将对企业征收较重的环境税，从而造成企业的税负增加，同时提高排放标准和提高监管水平，造成企业的生产成本上升，最终造成企业退出市场或转移生产地，从而对经济增长产生负面影响。

预先控制模式是随着环境污染不断增加和环境规制不断严格而产生的新的治理理念。预先控制对企业采用的环境标准和监管力度是在不断增强的，对企业的整个生产流程进行监管。这种模式会造成两种不同的后果：一种是研发能力较弱、资本不充足的企业，因为不能满足环境规制的要求，渐渐退出市场，影响经济增长；另一种是研发能力较强，资本较为雄厚的企业，为了满足不同规制标准，通过加大研发投入，加强环境技术创新，降低企业的环境规制成本，并衍生出新的技术，从而形成新的产业，推动生产率的提升和产业结构的升级。

1.3.2 环境规制对技术创新的作用机理

按照“波特假说”，环境规制对技术创的作用取决于“遵循成本”与“创新补偿”效应的权衡，当“创新补偿”效应小于“遵循成本”，环境规制不利于促进技术创新，反之，环境规制有利于技术创新。

1. 环境规制对技术创新的负向作用

环境规制对技术创新的负向作用包括运行成本、技术创新风险和惯性阻力等三个方面。

第一，企业运行成本视角。短期内，环境规制会促使企业购买新的生产设备和污染控制设备以降低污染排放水平，进而增加企业污染控制的直接成本；另外环境规制提高企业购买价格更高的生产要素、改变生产工艺和培训员工学习新技术等投资，进而增加企业生产的间接成本。一方面，污染治理投资的增加将对企业生产性投资产生挤出效应，造成企业生产受阻，企业的利润下降，利润下降反过来会降低企业研发投入，阻碍企业技术创新能力提升。另一方面，环境规制不仅提高企业的生产成本，由于资金有限，生产成本增加会挤占企业的研发投资，进而企业技术创新能力。按照“波特假说”，短期来看，企业治理环境污染的“遵循成本”较小，企业环境技术创新的动力不足，企业愿意接受环境税或排污费等惩罚，采用原有的技术进行生产仍然能够使产出增加。

另外，有些环境规制政策要求企业采用某种特定的污染控制技术，企业无法自主选择污染控制技术，即使有更先进的替代技术，企业也只能选择政府规定的污染控制技术。如果环境规制政策的实施处于产品生产周期，会造成企业承担较大的技术转换成本，对技术创新投入产生挤出效应，阻碍企业技术创新。

第二，企业技术创新的风险视角。环境规制强度较弱时，企业面临的外部环境相对稳定，技术创新风险相对较小。环境规制作用下，企业的外部环境发生变化，企业技术创新的风险性增大，影响技术创新绩效。如果企业缺乏有关环境技术信息，环境技术的知识储备不足，加上外部环境的变化，企业相关信息搜集成本上升，这些因素将增加技术创新的风险，影响技术创新绩效。

面对同样的环境规制和市场需求，理性的企业能够判断出环境技术的发展方向。但是多数企业缺乏环境技术创新相关的资源和信息，环境技术创新的风险较高，企业常常会选择跟随战略，大企业率先进行环境技术研发，然后再引进或模仿来获得先进技术，减低环境技术创新风险。这种模式不利于形成创新竞争而促进环境技术创新，跟随企业往往会减少技术创新投入，从而阻碍企业技术创新。

第三，企业惯性阻力视角。惯性阻力是新产品与原有产品之间资源重叠使用的程度。如果新产品的资源重叠使用比例小，会产品创新或工艺创新阻力会增加。

环境规制促使企业改进传统生产工艺，转向更加环保的生产工艺，企业逐渐转变生产理念，从原材料、生产设备、生产工艺、技术创新、企业管理和企业文化等方面形成环境保护理念。在环境规制作用下，企业生产不断融入环保理念，造成新产品与原有产品相比的资源差距加大，资源重叠使用比例降低，产生惯性阻力，影响企业技术创新绩效。另外，环境规制作用下，并不是所有企业都能顺应外界环境的变化或有能力去改变自身的发展战略，惯性因素带来的变革阻力较大，影响企业的技术创新。因此，由于企业决策的惯性路径依赖，企业很难改变原有生产理念或进行较大规模的环境技术研发，阻碍企业的技术创新能力提升，影响社会福利以及资源的有效配置。

2. 环境规制对技术创新的正向作用

环境规制对技术创新的正向作用体现在技术创新的动力作用、技术创新的先动优势和减少技术创新的不确定性。

第一，技术创新动力视角。技术创新的动力分为技术推动型和需求拉动型。传统经济范式下，企业仅以利润最大化为目标，环境保护意识不强，环境技术创新的内在激励机制不足。由于企业的私人边际成本曲线低于社会边际成本曲线，利润最大化目标使得企业总产量高于最优产量，环境要素被过度使用，社会资源配置没有达到最优。在环境规制的作用下，遵循规制的成本使得企业有可能选择更加利于环境保护的技术。同时，由于公众环保意识提高，绿色生产理念向社会各个领域渗透，消费者更趋向于选择绿色环保产品，进而创造新的市场需求。环境规制导致的成本增长及消费者偏好的改变从技术推动和需求拉动两个方面促进企业环境技术的研发，推动技术创新能力的提高。另外，随着社会环境意识提高，环境规制更加兼顾效率与公平。政府通过环境规制而筹集的排污费、污染罚款等资金用于环境基础设施建设、环境技术研发以及为企业的环境技术创新提供税收减免和资金支持等措施，有利于形成良好的创新环境和创新激励，促进企业进行技术创新。

第二，技术创新的先动优势视角。如果某些企业率先采用环境技术进行生产，这些企业将比采用传统生产工艺和设备的企业更具竞争优势。由于公众环保意识的提高，绿色产品拥有较高的市场接受度，企业采用先进环保技术生产绿色产品可以形成产品差异化，技术创新使企业获得先动优势，进而获取具有巨大潜力的市场，提高企业利润和竞争力。另外，企业通过技术创新获得先动优势，可以在相关领域建立行业标准和积累行业经验，容易获得政府政策支持，这些优势进一步刺激企业进行环境技术创新，提高技术门槛和形成技术壁垒，提升企业核心竞争力。因此，在环境规制的作用下，企业通过产品创新或者工艺创新可以获得先动优势，进而为企业带来持续的收益和竞争力。

第三，技术创新不确定性视角。环境规制对企业技术创新的施加了约束条件，会改变企业技术创新原有均衡状态，进而影响技术创新的不确定性。通过制定环境标准和工具选择，环境规制影响企业技术创新的路径，明确技术创新方向，进而减少技术创新过程的不确定性。在环境规制政策引导下，企业重新制定技术创新战略、配置资源、调整技术创新的方向，进而提高技术创新的成功率。随着环境规制的机制、目标和工具选择不断完善，环境规制使企业采用原有生产技术而支付的规制“遵循成本”过高，促使企业更加关注绿色生产技术，技术创新方向由传统的生产技术创新向绿色技术创新转变，通过绿色技术创新得到更高的创新补偿，以弥补规制成本。因此，环境规制降低了企业技术创新的不确定性，同时也提高了企业技术创新的内在激励，提升企业的技术创新能力。

环境规制对技术创新的作用是一把“双刃剑”，技术创新绩效取决于环境规制正负影响的对比。长期来看，环境规制对技术创新的正向影响更显著，企业从可持续发展角度更应重视环境技术研发和环境技术创新，进而提升竞争优势。

1.4　环境规制工具对经济可持续发展影响的差异性

从1.3节分析中可以看出，环境规制对于经济增长在短期内有抑制的作用，长期来看，环境规制有利于促进产业结构转型和生产率的提高，进而对经济增长产生正向作用。那么，不同类型的环境规制工具如命令型规制工具和市场型规制工具，对经济可持续增长的影响是否存在差异，需要进一步分析。本节从两个方面进行分析：一是不同环境规制工具对产业结构和生产率的影响差异，二是不同环境规制工具对于技术创新的影响差异。

1.4.1　不同类型环境规制工具对生产率和产业结构影响的差异性

这里主要针对显性环境规制工具，即命令控制型规制工具和市场激励型规制工具，进行分析。命令控制型规制工具通过政府直接对企业下达命令，并强制企业完成该命令的目标。命令控制型规制工具通过对投入品、工艺和技术、排放污染等制定标准，增加企业的要素投入价格、技术效率和管理这三方面的成本。企业成本的提高会产生两方面的影响：一方面，在短期内，企业面临成本的压力时，会缩减不必要的开支，进行裁员、减少生产和提高产品价格等手段，造成失业率提高、生产减少和价格上涨，从而阻碍生产率和经济增长；另一方面，在长期内，命令控制型规制工具迫使不符合标准的企业或者转移到环境规制强度较弱的区域，或者退出市场，使得产业结构逐渐从粗放型经济向集约、节能、环保型经济转变，实现产业结构升级和经济增长。市场激励型规制工具则利用激励措施达到污染物减排目的，其手段主要有征收环境费（排污费、自然保护费）、排污权交易制度和政府补贴。相对于命令控制型规制工具，市场激励型规制工具使企业可以以最小的成本实现污染减排，并且在环境费和排污权交易制度下，企业有进行技术创新的激励，进而增加污染减排量。

1. 成本效应

两种环境规制工具都具有明显的成本效应，但是命令控制型规制工具的成本效应比市场激励型规制工具更强。蒂坦伯格（Tietenberg，1990）

发现，市场激励型规制工具能够最大限度地激励企业进行污染减排，并且能够对企业的减排能力进行有效配置，从而节省成本。米尔里曼和普林斯（Milliman & Prince，1989）比较了两种规制工具对于企业成本的影响，发现可交易的许可证规制的成本比其他规制工具要低，原因在于命令控制型规制工具对技术标准的限制降低了企业寻找更低成本减排的可能；而排放标准的成本虽然可能比技术标准和投入品标准更低，但是由于规制制定者很难做到对每个企业都设定一套排污标准，而不同企业的排污成本又不尽相同，因此对于不同的企业而言，执行同样排放标准的企业减排的成本会比实现必需的减排目标所需的成本更高。

对于市场激励型规制工具，除了市场补贴外，环境税和可交易的许可证规制等工具，对于所有企业具有相同的边际减排成本，因此能够以最小成本实现污染减排。在环境税规制下，企业不仅要花费成本用于污染减排，而且要对排放的额外污染付费，从而给企业带来了额外的成本，因此与命令控制型规制工具相比，企业增加的成本要大一些。对于可交易的许可证规制，如果政府对他们进行拍卖，则相当于政府进行征税，效果与环境税是相同的；若政府免费对许可证进行分配，则企业仍然要为超过免费许可证部分的污染进行付费，不论许可证如何处理，新进入市场的企业和已经在市场内需要进行扩大再生产的企业都需要为它们新增的污染排放购买许可证，对这部分企业而言，可交易的许可证规制与环境税规制是相同的，它们都增加了企业的成本。对于政府直接补贴来说，相对于最后一单位减排量，之前的补贴标准都会大于减排量的边际减排成本，企业可以从补贴中获利，从而降低企业环境规制带来的成本。

2. 壁垒效应

命令控制型规制工具对于新进入市场的企业有着明确的壁垒效应，会导致产业结构的变化，从而影响经济增长。命令控制型规制工具对于企业的排污量或者排污强度实施限制，而技术标准的控制会引导企业采用特定的工艺或生产技术。政府在制定技术标准时，通常会根据事先掌握的治理污染收益成本信息来确定社会福利最大化的排放量，并根据能够控制到该排放量的技术来制定技术标准以及排放标准，并要求企业执行。因此，规制制定的参照标准一定是已经存在于市场的企业，尚未进入市场的企业并不在参照标准内，而是被监管的对象，因此进入市场时企业面临的技术标准和排放标准将会更加严格，很多达不到标准的企业将会选择不进入或者退出市场，因此技术标准本身形成进入壁垒。企业退出会对经济增长造成负效应，并造成市场效率的下降。而命令控制型规制工具的另一种手段——投入品标准则不一定形成壁垒，因为制定一定标准限制了某些投入品，但是部分投入品的限制，会随着新的替代品出现而消失，从而不一定形成壁垒效应。

对于市场激励型规制工具来说，以可交易许可证规制为例，新进入市场的、资金实力不强或者排放水平严重超标的企业是没有能力购买交易许可证的，因此形成了对这部分企业的壁垒；而环境税规制则要求企业对排放的每一单位污染物支付费用，将污染物明确定价，因此，企业在考虑利润最大化的情况下，会决定是否支付高昂的环境污染费用，从而决定是否进入或退出该市场，造成产业结构的调整和市场效率的变化。因此，可交易许可证规制和环境税规制对于经济增长会形成进入壁垒。市场激励型环境规制工具的另一类规制手段——政府补贴则产生相反的作用，即对新进入市场的企业环保投入进行补贴，结果是激励企业向有补贴的行业进行投资，从而引导企业对新兴低污染环保行业投入，削减了企业进入市场的阻力。总的来说，市场激励型规制工具的进入壁垒效应要低于命令控制型规制工具的进入壁垒效应。

3. 比较优势效应

命令控制型规制工具对于经济增长具有明显的比较优势效应。汉纳（Hanna，2010）运用1966～1999年美国企业的面板数据估计清洁空气法修正案对于跨国公司对外投资决策的影响，发现清洁空气法修正案导致美国跨国公司对外投资调高5.3%，产出提高9%。发展中国家的污染排放标准和技术标准相对较低，产业结构处于环境约束较少的阶段，在此阶段，企业获得较高的比较优势；而技术标准限制了企业在特殊领域或特定环节的技术行为，因此，企业并非从全局上能够获得比较优势。出于对食品、饮水和空气的担心以及国际社会科技流动和传播的速度，投入品标准的替代品传播速度很快，这种比较优势存在时间较短，影响也较为有限。

不同类型的市场激励型规制工具对于经济增长的比较优势存在差异。对于环境税和可交易的许可证规制，如果税收越高、许可证越难获得，则该环境规制工具导致的比较优势效应就越低。而政府补贴要分两个方面来看，一方面是政府直接投入治理污染，这种补贴形式会扩大比较优势效应，即企业从环境规制较严格的地区来到环境规制较薄弱的地区，污染的排放能够得到政府相应补贴，从而使比较优势效应扩大；另一方面是企业将政府补贴用于利润或再生产，这种情况下，企业的其他成本会降低，间接扩大企业的比较优势。

4. 创新补偿效应

不同环境规制工具引起的创新补偿效应存在差异。对命令控制型规制工具来说，艾尔巴沙和罗（Elbasha & Roe，1996）认为研发部门和生产部门存在竞争，当某种环境规制政策对于生产部门的影响更大时，工资率和劳动需求相对下降，进而降低研发部门的成本。根据此理论，排放标准会在短期内使企业的成本增加，企业为了控制成本而削减劳动力，从而降低劳动力的需求，降低工资率。劳动力成本和工资率的下降降低了研发部门的成本，从而促进了企业的技术创新。投入品标准可能会鼓励企业查找技术替代品，从而鼓励技术创新。而技术标准规制工具则不能产生激励创新的作用，因为技术标准锁定了一个特定的减排技术，这种技术不能通过削减劳动力成本来达到，因此不会产生激励创新的作用。

对市场激励型规制工具来说，布莱特舍格（Bretschger，1998）构建了包含传统产品和差异化中间产品两种消费品的模型，研发部门、中间产品的生产部门以及传统产品的生产部门都以劳动作为投入要素并排放污染，研发部门污染排放最低，而传统产品生产部门污染排放最高。对污染排放征税将会导致生产部门减少对劳动的需求，导致工资率和研发成本降低，研发成本的下降有利于提升企业技术创新绩效。环境税规制通过对生产部门的劳动需求的抑制作用降低劳动力需求，最终会降低研发部门的成本，激励企业进行创新。可交易的许可证制度的创新补偿效应，则取决于政府的选择，如果政府选择将许可证进行拍卖或安排所有的企业都有机会获得许可证，则效果与环境税规制相同；而当政府将许可证仅发给留在市场中的企业时，企业留在市场内的意愿更强烈，因此创新的激励更强。政府补贴规制倾向于对生产技术或工艺流程进行补贴，进而降低环境规制带来的额外成本，减缓劳动力需求的下降，这样，企业研发成本的减少程度比可交易的许可证制度或环境税制度低，但是政府补贴规制工具的创新补偿效应仍然存在。

5. 时机效应

命令控制型规制工具倾向于向事后治理模式发展，从标准的技术可行性来说，污染的衡量和监测能力是污染排放标准可行性的基础，对于点源污染可以直接进行污染排放监测，而对于非点源污染排放监管比较困难；投入品标准的监管较为困难，因为很难做到对生产过程中的所有投入品进行监管；技术标准的实现较为容易，通过一定设备的投入使用即可判断该技术标准是否被企业采用，然而这种强制性的标准削减了企业通过其他方法来进行减排的意愿，减弱了企业的创新能力。标准的可行性制约了标准的变化，政府只能通过不断提高环境治理投入才能将没有监管到的污染进行排减，从而使治理污染的时机倾向于事后治理模式。

市场激励型规制工具倾向于向预先控制模式发展。环境税和可交易的许可证制度通过对企业征收税收的形式，对企业的投入、产出和排放进行全程监管。与排放标准相比，税收的变化比制定标准的改变更容易（Berck & Helfand，2013），因此对于环境规制政策的制定者来说，污染排放标准可以变成内生，即由政府来进行税收的控制与调节，从而实现预先控制的目标。而对于企业污染进行补贴，通常情况下并不被用于直接治理污染，而是进行相关技术工艺的更新和再创造，并不直接涉及污染排放控制，其主要作用是为了让企业更能接受新的减排技术，因此市场激励型规制在长期内充当了预先控制的工具。

1.4.2 不同类型环境规制工具对技术创新影响的差异性

1. 命令控制型规制工具对技术创新的影响

根据规制遵循的标准可将命令控制型规制工具分为技术标准和排放标准。

对技术标准来说，短期内如果所有企业采用同样的技术标准，那些技术水平较高的企业不必要进行创新就可达到污染物排放标准。同时由于技术的扩散和渗透，技术在不同企业之间交流，技术水平较低的企业比较容易通过引进技术达到技术标准，导致技术水平较高的企业创新激励不足，而技术水平较低的企业可以直接引进技术，从而不利于企业的技术创新。从长期来看，如果环境技术标准不变，企业就会缺乏技术创新的动力。

对排放标准来说，从短期来看，在排污量一定的情况下，技术水平较高的企业可以生产更多的产品，而技术水平低的企业会减少产量符合排污量限制，从而达到排放标准。从长期来看，技术水平高的企业会增加产品产量，获得更多市场份额，提高企业的利润，进而可以增加研发投入，提升技术创新能力而保持竞争优势；而技术水平较低的企业面临市场份额缩减，产品市场竞争力不足，企业为了生存可能会加大研发投入，学习新技术，不断提升技术创新能力。

2. 市场激励型规制工具对技术创新的影响

这里以最常见的环境税和排污权交易为例进行分析。

（1）环境税。

根据征收对象的不同，环境税包括排污税费、产品税费和使用者税费。排污税费是规制者对企业排污征收的税费，产品税费是对生产和消费过程中使用的污染产品征收的税费，使用者税费是污染者使用治污公共设施处置污染物所支付的费用。环境税直接增加企业的生产成本，但是否会通过影响企业的决策来影响技术创新却不确定。如果企业预测产品的市场份额较大或者具有较高的市场认知度，能够继续为企业带来利润，就会加大研发投入，积极进行技术创新以提升产品的竞争力，以削弱环境税导致的成本增加。如果企业预测产品未来不能为企业持续带来利润，则会选择减少产量以降低污染排放，以减少环境税惩罚产生的成本上升。

环境税将企业成本内部化，引起产品价格上升，并将其转嫁到消费者，导致产品需求减少，因而产量减少，污染排放会相应降低，相应的减少税收支出。长期来看，企业会通过技术创新产生创新补偿效应可以抵消环境税规制成本，提升企业利润。如图1－8所示，如果采用命令型环境规制，设定排放标准为 Q_1。当达到排放标准 Q_1，企业进行技术创新的动力不足；如果采用环境税规制，企业的污染减排可以减少环境税负担。长期而言，只要污染减排带来的税负降低可以弥补创新带来的成本增加，即成本曲线从 MC_1 下降到 MC_2，企业就具有技术创新动力。

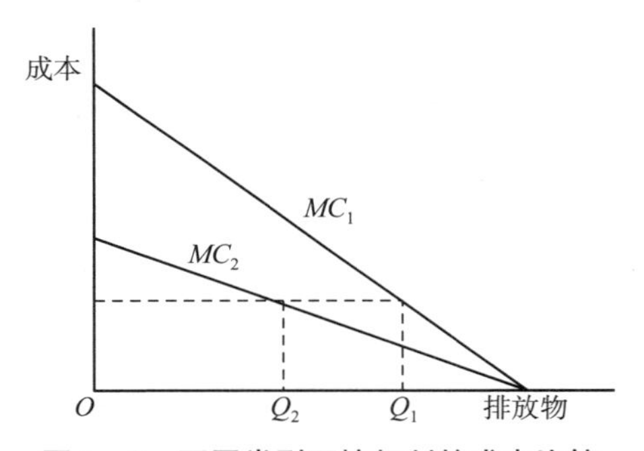

图1－8　不同类型环境规制的成本比较

（2）排污权交易。

排污权交易是政府制定一个最大排污量标准，当企业的污染排放超过最大排污量标准时，可以通过购买排污权而不影响生产，当污染排放小于最大排污量标准时，企业可以卖出排污权而获益。排污权可分为拍卖许可和无偿分配许可两种，拍卖许可是通过拍卖的方式在企业之间分配排污权，而无偿分配是政府无偿给予企业排污权，政府不获得任何利益。

排污权交易规制激励企业加强污染治理投入，特别是通过环境技术创新减少污染排放，进而成为排污权的提供者，并通过出售排污权获得经济利益。当企业通过环境技术创新形成排污权供给时，社会的总污染排放量会大大降低，实现技术创新能力提高与环境保护的双赢。在排污权拍卖的情况下，企业购买排污权将导致成本增加，规制成本对企业生产和研发资金都会产生挤出效应，进而影响企业的技术创新绩效。在排污权无偿分配的情况下，企业免费获得一定量的排污权，不必承担排污费用，规制成本相对较低，但是对企业的技术创新激励不足。

3. 自愿性和隐性规制工具对技术创新的影响

自愿性和隐性规制工具属于非强制性的环境规制，通过非法定的协议改善环境质量或者提高资源利用率。自愿性和隐性规制工具主要有信息披露和环境认证。信息披露是政府进行企业相关信息收集，并进行信息发布，或者对企业进行环境评级并将发布评级结果，采用信息发布的方式激励企业改进生产技术和工艺，促进环境质量提高。环境认证是相关认证部门对于企业的管理程序和产品质量进行认证，产品质量认证是一种间接的环境规制方式。环境认证的实施前期，企业需要投入大量的人力和经费进行技术创新提升产品质量和声誉，获得环境认证通过的企业产品将得到较高的市场份额，提升企业的形象，容易得到客户的信任，增加企业的利润，使企业有更充足的资金用于技术创新，进而提高企业的整体效率。

在信息披露制度下，消费者会倾向于选择知名度高的环保品牌，或者国家权威部门认可的企业品牌，对企业起到很好的监督作用。企业也可进行信息的自我披露以降低信息不对称，政府可以根据企业提供信息改进环境规制政策，减少规制过程中的监督成本和执行成本。这种信息传递机制会使有公信力和知名度的企业能够得到市场的信任，提升企业产品的市场份额，进而大大提高利润，产生持续创新的动力，进一步增强竞争力。

1.5 本章小结

本章对环境规制与经济可持续发展的基本理论进行系统性的阐述。一是界定了环境和环境规制的概念内涵，对不同类型环境规制工具的划分、主客体、特点和优缺点进行了分析；二是界定了可持续发展概念内涵和内容，分析了经济增长与经济发展的区别，进而提出经济可持续发展的内涵；三是从生产率、产业结构和技术创新等经济可持续发展的三个方面，详细阐述了环境规制对经济可持续发展的作用机理；具体来看，从成本效应、进入壁垒效应、比较优势效应、创新补偿效应和时机效应五个方面分析了环境规制对生产率和产业结构的作用机理，从正负效应两个方面分析了环境规制对技术创新的作用机理；四是对命令型规制工具、市场激励型规制工具等不同类型环境规制工具对经济可持续发展作用效果的差异性进行了分析。

第2章　环境规制与经济可持续发展的研究评述

从市场经济的角度来看，环境保护与经济增长是相互矛盾的。环境作为一种公共品，具有较强的负外部性，而作为微观经济主体的企业追求自身利润最大化，通过市场机制很难较好的解决环境污染问题。因此，解决环境污染问题需要政府的干预，即环境规制。有效的环境规制政策会影响企业决策行为，进而影响产业发展，推动产业结构的转型升级，促进生产率提高，加快技术创新步伐，促进经济可持续发展。本章环境规制与经济可持续发展的国内外文献进行评述，首先从宏微观视角梳理环境规制对经济增长影响的研究，然后梳理环境规制对经济可持续发展（包括生产率、产业结构和技术创新）影响的研究，最后梳理规制工具选择的研究。

2.1　环境规制与经济增长关系的研究

2.1.1　环境库兹涅茨曲线

关于环境规制与经济增长关系的研究，最早是从环境规制与经济增长相关性的研究开始的。由于环境服务和环境物品具有公共物品的属性，其外部性、产权缺失等市场失灵情况的存在，导致环境问题的出现。庇古（1920）提出了一种控制环境污染负外部性的经济手段，即污染者向政府缴纳税收来弥补受害者的损失。“科斯定理”提出假设交易成本为零，产权明晰的情况下无须政府进行干预，通过谈判私人之间可以解决环境污染问题，无论将产权分配给产生外部性的一方或者受到伤害的一方，最后都能够形成有效率的市场产出。但是环境问题存在产权难以界定、市场力量扭曲和信息不完全等问题，科斯定理不再有效，因此需要政府通过环境规制进行人为干预来解决环境污染问题。

环境与经济增长关系最著名的表述就是环境库兹涅茨曲线。库兹涅茨（Kuznets，1955）提出随着人均国民收入增加，收入不平等先增加，到达拐点后慢慢下降，人均国民收入和收入不平等关系可以表示为倒“U”型曲线，这就是著名的库兹涅茨曲线。20 世纪 90 年代初，一些学者的经验研究发现环境退化和人均国民收入也遵循着类似的倒“U”型曲线。格罗斯曼和克鲁格（Grossman & Krueger，1991）以 42 个国家样本数据，研究发现环境污染与经济增长之间呈现倒“U”型关系，当经济发展水平较低时，随着经济增长速度的加快环境质量不断恶化；当经济水平发展达到拐点时，随着经济增长环境质量将逐渐改善。沙菲克和班德亚帕德耶（Shafik & Bandyopadhyay，1992）以及帕纳约托（Panayotou，1993）也提出了环境库兹涅茨曲线。沙菲克和班德亚帕德耶（Shafik & Bandyopadhyay，1992）对经济增长和环境质量的关系研究发现，当国家的收入趋向中等收入水平时，环境指标趋向改善，但是政府的宏观政策变量，如贸易、负债等并不能改善环境，并且在没有政策和投资介入时，环境问题将不会得到解决。帕纳约托（Panayotou，1993）采用发达国家和发展中国家的森林砍伐和空气污染的横截面数据，发现环境退化和经济增长之间存在倒“U”型关系，并将该曲线命名为环境库兹涅茨曲线。

现有研究对于环境库兹涅茨曲线的存在性有两种不同的观点。一些学者认为存在环境库兹涅茨曲线，存在原因的研究大致分为四类：第一种解释是当一个国家达到足够高的生活水平之后，通常会持续不断地提高环境方面的投入（Pezzey，1992；Selden & Song，1994；Baldwin，1995）。罗卡（Roca，2003）考察了不同收入组别对于环境规制的反应，当收入达到某一水平后，公众对清洁环境的支付意愿快于收入上升速度。洛佩兹（Lopez，1994）采用消费品生产函数以及社会效用函数，研究了经济增长和自由贸易是否降低了环境污染，研究发现随着污染的增加，企业支付环境污染的费用也将增加，企业采用绿色生产技术将会降低污染，从而减少成本；另外，消费者也愿意放弃额外的消费来购买好的环境。洛佩兹和密特拉（Lopez & Mitra，2000）考虑了一个政府和私人部门关于环境讨价还价的问题，发现当私人部门的偏好效应满足洛佩兹（Lopez，1994）所提出的生产函数越过某一点需要的条件时，环境库兹涅茨曲线就会呈现倒“U”型的形状。安德内和莱文森（Andreoni & Levinson，2001）考虑了一个包含简化效用函数的模型，在收入处于低水平且消费水平也较低的情况下，减排对于环境质量并没有明显的改善作用，因此，代理人将不愿意为减排而进行消费，随着收入水平的增加污染水平不断上升。当收入达到一定水平之后，消费水平的提高使得环境污染会降低代理人的效用，减排得到的效用也随着减排回报的提高而增加，代理人将购买更多的资源来进行减排，从而导致每单位收入下环境污染水平的降低，将这两种效应整合在一起，得到污染—收入关系的环境库兹涅茨曲线。麦康奈尔（McConnell，1997）研究了当收入分配给消费和减少污染时环境质量的收入需求弹性，发现具有正环境质量收入需求弹性的偏好不是形成环境库兹涅茨曲线的充要条件，环境污染会随着收入的增加而增长，此时对环境的偏好是高收入需求弹性的；而伴随着收入增加环境污染可能减轻，但同时也会出现对于降低环境污染的偏好减少。利布（Lieb，2002）扩展了麦康奈尔（McConnell，1997）的研究，考虑了在收入很低而导致分配给减少环境污染的费用为零的情况下的一个角解，得到了满足环境库兹涅茨曲线的必要条件，即环境质量是一个正常商品，而并不一定必须是奢侈品。第二种解释是环境恶化随着经济结构从农村转移到城市、从农业转向到工业而变得愈加严重，而当经济结构从资源密集型行业转移到服务业和高新技术密集型行业时，环境恶化的程度将开始下降（Grossman & Krueger，1991）。第三种解释如科曼等人（Komen et al，1997）认为当一个富裕的国家在研发上进行更大的投入时，技术进步将伴随着经济增长而改进，同时落后的和导致污染的技术将被新的更加清洁的能源技术所取代，从而最终改善环境质量。约翰和皮舍尼奥（John & Pecchenino，1994）基于世代交叠模型分析了环境保护和经济增长的关系。代理人个体做出的决定对于生产率和环境会有长期的影响。每个代理人在初期的收入很少，因此不会投资环境保护，在初期环境质量趋于恶化。随着时间的推移，资本积累和收入都开始提高，后代的代理人开始注意环境质量，并开始投资环境保护。环境退化随着收入的变化而呈现一个倒“U”型。当考虑了技术溢出效应后，环境和经济的倒“U”型关系仍然成立。塞尔登和宋（Selden & Song，1995）在连续时间下考虑了收入在消费和减排之间的分配问题，发现当污染水平较低时，企业并不会考虑环境保护问题，政府也不会在环境质量上进行投资。当环境污染达到一定程度时，政府将改变政策，将资源分配在环境上，从而改善环境质量。斯托基（Stokey，1998）考察了不同的生产技术对于环境质量的影响，计算了最优消费以及对应的生产技术，研究表明，当到达触发点时，代理人将采用环境友好技术，从而减少环境污染水平。第四种解释是当社会发展到很高水平时，政治体制和文化以及价值观将会使得环境友好型政策出台（Ng & Wang，1993）。

一些学者对环境库兹涅茨曲线的存在性持怀疑态度。利布（Lieb，

2004）发现污染的流动和积累会导致人们的效用降低，即便环境库兹涅茨曲线在流动的污染中存在，污染的积累仍然会单调增加。普里厄（Prieur，2009）考虑环境对于污染吸收能力的有限性，并在污染达到一定水平后消失，采用与约翰和皮舍尼奥（John & Pecchenino，1994）相似的模型，研究结果表明，仅仅简单地对环境进行保护并不一定能够得到环境库兹涅茨曲线的效果。哈特曼和权（Hartman & Kwon，2005）考虑了一个包含双因素的内生增长模型，研究发现物质资本会产生污染，而人力资本不会产生污染。斯托基（Stokey，1998）认为污染的增长会随污染加剧而渐渐停止，而哈特曼和权（Hartman & Kwon，2005）认为这种情况不会出现，因为总会有用产生污染的物质资本来替代清洁的人力资本的情况发生。他们的研究结论认为污染税或者凭证不但可以解决环境问题而且能够达到帕累托效率。

学者们也从数理模型的角度对于环境库兹涅茨曲线的成因等问题进行了研究。德布鲁因（De Bruyn，2000）认为环境库兹涅茨曲线的成因有五个因素，即行为变化和偏好、制度变迁、技术和产业组织变化、结构变化、国际重分配。麦康奈尔（McConnell，1997）、安德内和莱文森（Andreoni & Levinson，2001）、利布（Lieb，2002）使用不同的效用函数对环境库兹涅茨曲线的成因进行了分析。琼斯和曼纽利（Jones & Manuelli，2001）、埃格利和斯蒂格（Egli & Steger，2007）、木岛等人（Kijima et al，2010）从制度变迁的视角对环境库兹涅茨曲线的形态进行了分析。斯托基（Stokey，1998）、塔赫沃宁和萨罗（Tahvonen & Salo，2001）从动态模型和静态模型两个方面研究了技术变化对环境库兹涅茨曲线的影响。静态模型考虑在均衡条件下代理人的效用函数或者社会福利函数最大化，从而揭示环境库兹涅茨曲线的成因。动态模型可以按照模型的设定可以分成两种类型：第一种类型包含了生产函数，从而可以刻画技术进步、能源替代等影响；第二种类型则不包含生产函数，只考察了效用函数的性质，即消费和污染的边际效用之间的转移。采用动态模型研究环境库兹涅茨曲线通常设定一个宏观生产函数，进而分析动态的环境污染的最优路径。布罗克和太冷（Brock & Taylor，2010）研究了环境库兹涅茨曲线与索洛模型内在联系，将减排技术纳入索洛模型中，发现环境库兹涅茨曲线是可持续增长路径收敛时的一个副产品，即污染和人均收入的比值在最优路径中最初增加，然后开始减少。琼斯和曼纽利（Jones & Manuelli，2001）采用世代交叠模型分析了环境规制对环境质量行为的均衡影响。埃格利和斯蒂格（Egli & Steger，2007）扩展了安德内和莱文森（Andreoni & Levinson，

2001）的模型，从税收视角研究了最优投资政策。平狄克（Pindyck，2007）指出采用确定性模型不足以刻画环境政策中未来成本和收益的不确定性、由沉没成本所造成的时间不可改变性以及政策实施时机的选择，实物期权模型可以用于刻画不确定性经济中的动态环境质量。狄维塔（Di Vita，2008）认为环境库兹涅茨曲线取决于政策制定者的主观折现率。

国内外学者对于环境规制对经济增长的实证研究较多。如格罗斯曼和克鲁格（Grossman & Krueger，1991）采用42个国家的样本数据，研究发现环境污染与经济增长之间呈现倒“U”型关系。安卡海姆（Ankarhem，2005）对瑞典的废气排放量和经济增长之间关系进行了实证检验，证明了环境库兹涅茨曲线的存在。但德布鲁因（De Bruyn，2000）、森古普塔（Sengupta，1997）在研究环境库兹涅茨曲线时发现，二氧化碳等表现环境污染的指标呈现出“N”型形状，即环境退化在下降到某个水平时又会重新上升。帕纳约托（Panayotou，1997）对30个发达国家和发展中国家的数据进行分析，发现政府规制能够显著减少二氧化硫引起的环境退化，并且在低收入水平减少环境退化，在高收入水平加速环境改进，使环境库兹涅茨曲线变得扁平，降低经济增长的环境代价。林伯强和蒋竺均（2009）对我国环境库兹涅茨曲线的拐点进行了计算。许广月和宋德勇（2010）对我国碳排放的环境库兹涅茨曲线存在性进行检验，发现东部、中部地区和全国存在人均碳排放的环境库兹涅茨曲线，而西部地区不存在。熊艳（2011）通过构建环境规制强度指数，研究发现环境规制与经济增长之间为正“U”型关系。马媛（2012）通过经验研究发现经济增长与环境规制存在长期稳定的协整关系。

2.1.2 微观视角下环境规制的经济影响

一些学者从微观视角分析了环境规制的经济影响，主要观点有：促进作用、抑制作用和不确定性影响。

1. 环境规制对企业的产出具有促进作用

波特等人（Porter et al，1995）提出“波特假说”认为环境规制在短期内是会导致成本的上升，但是企业的长期决策会考虑环境因素，环境规制促使企业增加环境治理投入，提升环境治理效率，进而推动环境技术的发展，技术进步促进企业环境治理投入的成本降低，最终实现经济增长和环境改善的双赢。兰尤（Lanjouw，1996）利用美国146个工业行业的数据，研究表明环境规制与技术创新之间有很强的正相关关系。多马日利茨基（Domazlicky，2004）的研究证明了环境规制下企业技术依然进步的观点。伯曼等人（Berman et al，2001）通过分析 1982～1992 年洛杉矶地区空气质量规制对石油冶炼生产率的影响，发现相比于没有受到规制的企业，被规制企业的全要素生产率出现较大提升。科恩等人（Cohen et al，1997）通过分析 85 个行业的 50 家企业，研究了企业的环境绩效对其经营业绩的影响，发现环境绩效越高的企业其经济效益也越高，莫尔（Mohr，2002）用“干中学”的技术进步模型解释了这一现象。李强（2009）研究表明环境规制对于技术创新呈显著正向影响，环境规制短期内造成生产技术效率发生变化导致生产力损失，但长期提高了我国区域的技术效率。程华（2010）研究表明环境规制强度对经济绩效和知识绩效的影响显著为正，但对能源消耗率和工业废水排放具有显著的抑制作用，不同的规制措施对企业的经济绩效和环境绩效的促进作用存在差异。王国印（2011）实证表明环境规制强度与企业技术创新显著正相关。克拉森（Klassen，1996）对环境与企业经济绩效的作用关系进行了分析，研究表明环境与企业绩效呈正相关关系，环境管理能力对于企业发展产生重要作用（Barney，1996）。

2. 环境规制对企业的产出具有抑制作用

巴贝拉和麦康奈尔（Barbera & McConnell，1990）利用美国 1960～1980 年钢铁、化工、矿物制品和有色等行业面板数据，研究发现严格环境规制下，企业会压缩技术研发投入，因为环境规制增加了企业成本，对企业的收益产生了负面影响（Jaffe，1997）。另一个原因是环境规制影响企业的长期规划，环境规制政策不明确，则企业的决策就更容易出现错误（Walley et al，1996）。维斯库斯（Viscusi，1983）认为企业生产投资具有不可逆转性，政府环境政策的不确定性影响到企业的长期投资决策，企业会更加谨慎的选择其投资量，进而降低企业的投资水平，降低企业的长期产出。希帕帕迪斯等人（Xepapadeas et al，1999）研究发现，提高污染排放税率会对企业造成“生产率效应”和“利润—排放效应”两方面的影响。生产率效应是提高污染排放税率会降低企业的生产资本规模，进而导致企业资本的投资下降，从而弱化了资本生产效率的研发激励，最终造成企业生产的无谓损失。“利润—排放效应”是污染排放税率的上升，会直接影响企业的利润，但是，如果技术水平在提高，利润下降的程度就会缩小。菲利贝克和戈尔曼（Filbeck & Gorman，2004）对比了企业的环境及财务状况，发现环境规制与财务回报率呈负相关关系。

3. 环境规制与企业的产出关系不确定

阿尔佩（Alpay，2002）采用美国和墨西哥 1971～1994 年的数据，研究发现环境规制对两国企业生产率的影响相反，环境规制对墨西哥企业的生产率具有促进作用，而对美国企业的生产率具有阻碍作用。克雷泽尔（Kreiser，2002）研究表明在比较动态和宽松的企业环境中，企业的环境管理能力对企业绩效都有更强的促进作用，并能够产生更好的企业绩效。辛克莱尔（Sinclair，1999）认为环境规制强度上升，企业通过增加技术投入，实现生产技术的增量创新或关键技术创新，则环境规制对于企业的影响是积极的，长期来看，会实现经济发展和环境保护的双赢。如果企业研发投入是为了降低排污被发现的风险，会造成企业的研发投资浪费，并且会增加政府环境监管的政策实施成本，最终将导致经济增长和环境保护之间的不协调。杰斐（Jaffe，1997）研究发现更高的污染治理费用会导致研发费用的增加，但环境规制如果仅以污染治理费用为主要手段，则创新产出的成果与环境规制间不存在显著的联系。布伦纳迈尔（Brunnermeier，2003）也否定了“波特假说”中关于环境规制和产业创新之间的关系。

2.2　环境规制与经济可持续发展关系的研究

在工业化进程的初级阶段，环境质量与经济增长负相关，随着产出的持续增长，环境质量将进一步恶化。但随着经济的持续增长和产业结构的优化升级，环境质量会得到改善，环境的恶化会相应减弱，直至经济系统进入良性循环的轨道。可持续经济增长需要统筹考虑环境对经济的影响。阿罗等人（Arrow et al，1995）认为要保证经济增长与环境资源的可持续发展，政府就必须通过环境规制政策来约束那些高能耗低产出的产业。政府需要制定恰当的环境规制政策，约束企业的生产行为，迫使企业生产的同时减少污染排放，加强环境保护，才能保证经济的可持续增长。蓬托斯和伦纳特（Pontus & Lennart，2002）认为单位环境成本决定经济增长的可持续性，政府需要制定恰当的环境规制政策来监督企业的生产行为，才能降低环境成本。他们还认为产品生产周期污染权交易制度是一项恰当的环境政策。乐康伯（Lecomber，1975）指出产业结构优化升级、寻找生产要素的替代品和积极提高生产要素使用效率的技术创新这三个渠道可以减轻环境压力，而实现经济可持续增长需要这三个渠道的积累效果。

总的来说，学者研究认为环境和经济可持续发展不是相互矛盾的，它们之间的关系需要从生产率、产业结构和技术创新等几个层面来加以分析。

2.2.1 环境规制对生产率的影响研究

环境规制对于生产率的影响研究，有三种不同的结论。第一种是环境规制对于生产率有负面的影响。传统的观点认为，严格的环境规制加大了企业的成本负担，抑制了企业的创新行为，进而影响企业的生产率和竞争力（Jorgenson & Wilcoxen，1990；Gollop & Rober，1983）。杰斐等人（Jaffe et al，1997）认为环境规制使企业承担购置环保设备、污染末端处理成本等遵循成本，降低企业的生产率。克里斯坦森和哈夫曼（Christainsen & Haveman，1981）利用1958～1977年美国制造业数据发现其劳动生产率的增长速度呈下降趋势，认为造成这种趋势的主要原因是美国实施了较为严格的环境规制。格雷（Gray，1987）对美国1958～1980年制造业的健康安全和环境规制与生产率的关系进行实证研究，发现两种规制导致生产率增长年均下降0.57%。芭芭拉和麦康奈尔（Barbara & Mconnell，1990）对美国五个重度污染产业进行研究，表明环境规制与全要素生产率的增长负相关，环境规制是20世纪70年代这5个产业生产率下降10%～30%的主要原因。约根森和威尔考克森（Jorgenson & Wilcoxen，1990）对美国1973～1985年环境规制对经济增长的影响进行研究，发现环境规制使国民生产总值下降了2.59%。格雷和萨德贝金（Gray & Shadbegian，1995）对1979～1990年美国环境规制与全要素生产率的影响进行研究，结果表明环境规制能提高环境绩效，但未给企业带来足以弥补遵循成本的收益。海耶斯（Heyes，2009）发现环境规制对大企业更有利，严格的环境规制使多数小企业难以负担环境治理成本，导致行业市场集中度提高，进而损害市场效率。许冬兰和董博（2009）采用DEA方法对中国工业行业进行研究，发现环境规制促进中国工业技术效率的提升，但是对于生产力的发展产生了负面影响。

第二种是环境规制对于生产率有正向的影响。波特和林德（Porter & Linde，1995）研究发现恰当的环境规制会促进企业的研发，从而提高企业的生产率。他们认为从动态角度，设置合理的环境规制政策能够推动企业的研发和技术创新，产生创新补偿效应，弥补环境规制成本，使企业的经济绩效和环境绩效得到同时提高，提升产业国际竞争力。莫尔（Mohr，2002）得到了与波特假说一致的结论，通过引入规模经济外部性，并假设新的生产资本比原来的资本产生的污染排放少，得到环境规制能在减少污染的同时提高生产率的结论。博蒙特和塔什（Beaumont & Tinch 2004）认为治污成本曲线法方法增加了污染减排的信息透明度，有助于厂商实现经济和环境的双赢。琴特拉卡恩（Chintrakarn，2008）利用1982～1994年美国48个州的面板数据，研究发现环境规制对美国制造业技术效应有显著的正向效应。库斯曼恩等人（Kuosmanen et al，2009）采用环境成本收益分析方法对温室气体减排等环境政策与经济增长的关系进行了研究，发现环境规制具有时间效应。王兵等（2008）运用Malmquist－Luenberger指数方法对17个APEC国家和地区环境全要素生产率增长进行分析，表明考虑环境规制情况下，APEC国家的全要素生产率增长率提高。张成等（2010）基于DEA方法测算了中国工业部门的全要素生产率，并对环境规制与全要素生产率的关系进行了检验，结果表明环境规制与全要素生产率之间存在协整关系，并且在长期内对全要素生产率的正向促进作用更为明显。张三峰和卜茂亮（2011）利用中国12城市企业调查数据，研究发现环境规制强度与企业生产率之间存在着稳定、显著的正向关系，但是环境规制对不同行业、规模和区位的企业的生产率影响存在差异。张成等（2012）采用1996～2007年我国工业行业的数据，实证表明环境规制是TFP的格兰杰原因，环境规制强度增加会提高TFP的增长率，这种作用在长期更加显著。

第三种是环境规制对于生产率的影响关系不确定。康拉德和瓦斯特（Conrad & Wast，1995）以德国10个重度污染产业为例，对环境规制与全要素生产率的关系进行研究，结果表明环境规制对全要素生产率的抑制作用或促进作用存在行业差异。拉诺伊等人（Lanoie et al，2008）对加拿大魁北克地区制造业的研究发现环境规制对产业生产率的影响是变化的，在长期，两者为正相关关系，而在短期，两者为负相关关系。王国印和王动（2011）利用我国中东部地区数据，实证表明“波特假说”在东部地区得到很好的支持，而在中部地区没有得到证实。李静和沈伟（2012）采用Malmquist－Luenberger生产率指数方法测度了中国29个省区包含3种污染物排放的环境技术效率和全要素生产率增长，研究表明对固体废物的规制满足波特假说的双赢效果，且东西部地区对于环境规制效果的差异较为明显。杨骞和刘华军（2013）对环境规制下的技术效率和规制成本进行了研究，结果表明环境规制下的技术效率要高于无环境规制下的技术效率，并且技术效率较高的地区，规制成本较低。

2.2.2 环境规制对产业结构的影响研究

产业结构视角下环境规制与经济可持续发展之间关系的研究包括以下几个方面。

第一，从遵循成本视角来研究环境规制与产业结构的关系。在环境规制的约束下，企业需要投入资金进行环境治理，导致企业的生产成本增加，影响消费结构和企业的投资结构，进而影响产业结构。巴贝拉和麦康奈尔（Barbera & McConnell，1990）以年美国工业行业为例，研究表明环境规制会增加企业的生产成本，进而阻碍技术创新。瓦莱和怀特海德（Walley & Whitehead，1994）认为环境规制可能会造成企业为了实现环境改善的目标而放弃有发展前景的创新项目投资，影响企业的生产绩效。杰斐（Jaffe，1997）研究认为环境改善会直接消耗掉部分物质资本，不利于企业的生产绩效。同时，环境规制还可能通过提升生产要素价格来提高企业的生产成本。

第二，从创新补偿视角来研究环境规制与产业结构的关系。环境规制增加企业的生产成本，企业通过技术创新带来的创新补偿效应抵消生产成本的增加，技术水平的提高促进产业结构的转型升级。波特等人（Porter et al，1991，1995）研究认为企业通过技术创新来减少其生产成本的方法不仅能够克服边际报酬递减规律，还可以通过技术扩散效应实现产业结构升级，达到环境改善与经济增长双赢的局面。兰尤和莫迪（Lanjouw & Mody，1996）研究发现环境规制与技术创新之间呈现出正相关关系，环境规制对技术创新的影响存在 1～2 期的滞后效应。布伦纳迈尔和科恩（Brunnermeier & Cohen，2003）利用 1983～1992 年间美国 146 个工业行业数据，研究发现环境规制与技术创新关系呈现正向相关，但是不显著。多马日利茨基和韦伯（Domazlicky & Weber，2004）通过对 1988～1993 年美国 6 个化工产业进行研究，发现环境规制下，企业技术一直处于创新过程中。赵红（2007）研究发现环境规制对产业发展能够形成创新补偿效应，严格的环境规制促进企业的研发和生产技术创新。李强（2009）从产业结构转型视角研究发现环境规制能激发企业的技术创新动力，有助于产业结构升级和企业生产率的提高。

第三，从进入壁垒视角来研究环境规制与产业结构的关系。技术壁垒会造成原有企业的技术垄断，导致生产效率损失，在短期内也会阻碍技术进步和生产率的提升，不利于产业结构转型。弗格森（Fergnson，1985）认为进入壁垒是使得新进入厂商无利可图，已有厂商可以获得经济利润。政府通过设定严格的环境规制标准来影响企业的进出行为，严格的环境准入标准会阻碍新企业的进入，阻碍规制产业的发展，进而影响产业结构变迁。迪恩和布朗（Dean & Brown，1995）研究发现环境规制会阻碍新企业的进入。迪恩和布朗（Dean & Brown，2000）研究发现环境规制对小企业的壁垒效应较大，对大企业的壁垒效应较小。国内学者对环境规制的壁垒效应研究较少。

第四，从比较优势视角来研究环境规制与产业结构的关系。环境规制不仅会促使企业的生产成本提高，还会进一步促使产业出现地理位置上的转移，进而影响产业结构。学者们对于环境规制与产业结构的研究围绕“污染避难所假说”理论展开。沃尔特和乌格鲁（Walter & Ugelow，1979，1982）提出污染避难所假说，认为比较优势效应会促使资源和污染重新分配，环境规制水平严格的地区会将污染产业转到环境规制水平较低的地区。迪恩（Dean，1992）、科普兰和泰勒（Copeland & Taylor，1995）研究发现为了降低环境规制成本污染密集型产业会选择将生产活动转移到环境规制更为宽松的发展中国家。埃斯蒂（Esty，1994）研究认为，在贸易自由化背景下发展中国家会通过降低环境规制标准来吸引外资，造成环境污染加重。惠勒（Wheeler，2000）研究表明 OECD 国家污染产业与环保产业之间的产出比例不断下降，而进口比例不断上升；亚洲国家和拉美国家的情况与此相反，证明污染产业的国际转移在加速。格雷和萨德贝金（Gray & Shadbegian，2002）发现美国的州与州之间存在“污染避难所效应”，在环境规制水平较低的州，企业会生产更多的产品，另外企业对环境规制的敏感性差异较大。邢和科尔斯塔德（Xing & Kolstad，2002）研究发现环境规制标准的提高会增加污染企业的成本进而抑制其投资行为，这一政策会诱使污染性产业向规制水平低的区域转移。弗雷德里克松等人（Fredriksson et al，2003）利用美国 1977～1987 年的时间序列数据，研究发现环境规制强度和政府的腐败会影响美国 FDI 流入的空间区位分布情况。迪恩等人（Dean et al，2009）利用中国合资企业的面板数据，研究发现东南亚国家资本的流入与环境规制的关系显著为负，美国、日本和英国等发达国家的资本流入与环境规制严格程度正相关。陈红蕾和陈秋锋（2006）研究认为环境规制强度的比较优势效应并不明显。曾贤刚（2010）认为环境规制对贸易流动呈现负向影响，但不显著。

2.2.3 环境规制对技术创新的影响研究

环境规制对技术创新的影响有三种不同观点。

一是环境规制阻碍技术创新。按照新古典环境经济学观点，环境规制的目的是纠正环境负外部性，将其内在化在产品的生产成本，从而解决市场失灵问题。这种观点是基于静态标准对环境规制效应进行分析，即在企业的资源配置和技术水平给定的情况下，分析环境规制对成本与收益的影响（Cropper & Oates，1992）。在这种情况下，环境规制只能增加企业的成本，从而对研发投入产生挤出效应而降低企业的技术创新能力。罗兹（Rhoades，1985）研究发现，当环境规制强度较低时，企业的规制遵循成本较低，采用末端治理技术达到环境规制要求的收益更高，但当环境规制强度提高，末端治理技术不能达到环境规制标准，企业只能通过改变生产设备、生产工艺等方式达到规制要求，同时企业需要购买污染治理设备等来控制污染排放，进而挤占企业研发投资，降低技术创新绩效。杰斐等人（Jaffe et al，1995）以美国的环境规制政策为例，研究发现环境规制给企业造成巨大负担，阻碍企业的进一步发展和国际拓展能力。瓦莱和怀特海德（Walley & Whitehead，1994）认为环境规制会影响企业资金的自由流动和新产品研发，对企业技术创新影响不利。布兰恩伦德等人（Brannlund，1995）对瑞典造纸企业样本进行研究，结果表明严格的环境规制阻碍了企业技术创新。切萨罗尼和阿杜尼（Cesaroni & Arduini，2001）以欧洲化学工业企业为例，研究发现环境规制标准过高会导致企业缺乏技术创新的动力。瓦格纳（Wagner，2007）以德国制造业企业为例，对环境规制、环境技术创新和专利的关系进行研究，结果表明环境规制的水平对企业的专利申请具有负向影响。琴特拉卡恩（Chintrakarn，2008）对美国48个州的制造业样本进行研究，认为环境规制与技术效率之间为负相关关系。王鹏和郭永芹（2013）利用1998~2009年我国中部地区六省的面板数据，实证检验了环境规制对技术创新的影响，结果表明环境规制对专利授权量的影响为负。

二是认为环境规制促进技术创新。波特（Porter，1991）认为严格、恰当的环境规制不仅会提升环境绩效，也会对企业产生积极的外部性。合理的环境规制政策可以激励企业改变生产工艺流程，刺激企业进行技术创新，通过创新补偿效应弥补环境规制的遵循成本，实现帕累托改进。东道国的环境规制会促使企业进行清洁生产和环保设备及技术的研发创新，有助于降低污染排放（Porter，1991；Porter & Linde，1995）。格拉克（Greaker，2003）研究表明严格的环境规制能够加大上游企业之间的竞争，促进环保产业的发展，进而降低上游企业的环境技术变革成本。普勒（Puller，2006）认为在寡头垄断市场上，企业倾向于通过创新来提高环境规制的标准和门槛，进而增强自身竞争实力。黄德春和刘志彪（2006）证明了环境规制虽然会给企业增加一些直接成本，但同时也会激发技术创新，可以部分或全部地抵销费用成本。兰尤和莫迪（Lanjouw & Mody，1996）研究了美、日、德三国的环境规制与技术创新之间的关系，发现环境专利数量对污染治理支出存在正向影响，本国的技术创新对其他国家的环境规制的影响为正。杰斐和帕尔默（Jaffe & Palmer，1997）利用美国制造业 1975～1991 年的数据，研究表明污染治理支出与 R&D 投入有着明显的正向关系，但与专利申请数量的关系不显著。布伦纳迈尔和科恩（Brunnermeier & Cohen，2003）认为环境专利申请数量与环境规制存在着显著正相关关系。滨本（Hamamoto，2006）使用日本制造业样本，研究发现环境规制对技术创新具有显著正向影响。有村等人（Arimura et al，2007）对 7 个 OECD 国家进行研究，发现环境规制对环境技术研发投入具有显著正向影响。弗朗德尔等人（Frondel et al，2007）研究认为环境规制有助于清洁技术的传播和扩散，进而激发企业的自主创新能力。约翰斯通等人（Johnstone et al，2010）研究表明不同的环境规制工具对清洁能源技术创新的影响显著，但是存在差异。霍尔巴赫（Horbach，2008）利用德国企业的微观数据进行研究，结果表明环境规制、环境管理工具与组织的变革对环境技术创新具有显著的促进作用。赵红（2008）基于我国省际工业面板数据样本，研究发现环境规制与技术创新之间存在显著的累积正效应。白雪洁和宋莹（2009）对我国 30 个省市的火电行业进行研究，发现在全国范围内，环境规制对火电行业的技术创新具有显著正向影响，但不同地区的影响存在显著差异。李玲和陶锋（2012）用 DEA 方法计算了 2005～2009 年我国 30 个省区市工业行业的效率，发现环境规制促进了工业行业的技术进步。王文普（2013）对 2001～2009 年我国省际环境规制对环境技术创新的影响进行研究，表明环境规制对环境技术创新具有显著正向影响。李阳等（2014）基于 2004～2011 年我国工业行业面板数据，研究发现环境规制对工业行业的技术创新的长短期促进效应显著，但是这种效应具有行业差异。

三是认为环境规制与技术创新的关系不确定。杰斐等人（Jaffe et al，1995）认为与只有较少证据支持波特假说一样，只有较少证据反对环境规制会激励技术创新的假设，更多的观点是介于两者之间。张红凤等（2012）认为当市场条件发生改变，被规制企业与政府之间的策略会改变，环境规制的作用可能在促进和抑制之间转换。学术界从理论和实证两个方面对“波特假说”提出了质疑。帕尔默等人（Palmer et al，1995）认为在战略行为标准模型下波特假说成立，但在标准模型框架之外波特假设不成立。杰斐等人（Jaffe et al，1995）认为企业以利润最大化为决策目标，如果环境规制能够促进企业的技术创新，进而增加企业的利润，企业会主动进行污染治理以达到环境标准，而无须政府的环境管制，这与现实情况不符。同时，他们也认为波特假说是通过案例得到的，缺乏普遍性。王璐等（2009）研究了环境规制对企业环境技术创新的影响机制，认为环境规制对技术创新既是驱动力又是阻力。江珂和卢现祥（2011）对1997～2007年我国省际面板数据进行实证研究，表明环境规制对技术创新影响不显著。李平和慕绣如（2013）运用我国区域面板数据样本，研究表明在经济发展水平较高的地区，环境规制对企业技术创新作用显著，而在经济发展水平较低的地区，环境规制会阻碍其技术创新。江珂和滕玉华（2014）基于我国20个污染密集型行业的面板数据，研究发现环境规制对进重度污染行业的技术创新促进作用显著，但对中度及轻度污染行业的技术创新影响并不显著。关于环境规制对技术创新影响的不确定性，有的研究认为环境规制对技术创新的投资回报影响不确定（Scherer et al，2000），有的研究认为对技术创新的作用方向影响不确定（Acemoglu et al，2012）。阿西莫格鲁等人（Acemoglu et al，2012）通过构建一个内生的偏向型技术进步模型，研究表明只有环境规制强度达到一定程度时，企业的技术创新才能以清洁技术为主导，否则会加剧环境污染。

总的来说，学术界对于环境规制对技术创新的影响存在争议，产生这种差异的原因在于研究视角的差异、样本选择的差异以及时期选择的差异。

2.3　环境规制工具的选择研究

2.3.1　单一环境规制工具及选择标准

对于命令控制型环境规制工具，阿特金森和路易斯（Atkinson & Lewis，1974）、蒂坦伯格（Tietenberg，2003）研究发现，为达到市场激励型环境规制一样的结果，命令控制型环境规制需要付出更高的成本。希斯金等人（Seskin et al，1983）认为命令控制型环境规制成本较高是因为政府与企业之间存在着较大的信息不对称，政府在制定规制政策时会产生搜寻成本和监管成本。马富萍等（2011）利用结构方程模型检验了环境规制对技术创新的影响，认为命令控制型环境规制对技术创新的经济绩效和生态绩效的正向影响都不显著。柳剑平和郑光凤（2013）通过对2003～2011年我国大中型工业企业进行实证研究，发现命令控制型环境规制工具对企业技术创新起到抑制作用。贾瑞跃等（2013）利用DEA方法测算了2003～

2010 年我国各省市的生产技术进步指数，并检验了环境规制对生产技术进步作用，发现命令控制型环境规制工具对生产进步的作用不显著。

对于市场激励型环境规制工具，德威斯（Dewees，1983）认为由于排污权交易规定了企业的总排污量，与排污税相比排污权的交易价格过高，企业超额污染排放代价过大，因此排污权交易可以激励企业进行环境技术研发和创新，以减少污染排放。史蒂文斯和怀特海德（Stavins & Whitehead，1992）认为排污权交易和环境税都会出现信息不对称，排污权交易会引起交易交割出现波动，而环境税使规制者很难确定最佳的污染排放量，因而这两种规制方式的使用需要建立在充分竞争的市场结构下。马康德雅和谢卜利（Markandya & Shibli，1995）认为中国的排污收费制度容易受人为因素影响，地区间政策执行存在较大差异，并且排污费征收率过低，激励作用不明显。乔斯科和施马兰西（Joskow & Schmalensee，1998）认为与排污权交易相比，环境税避免了市场交易成本、排污者策略行为、信息不完全等影响排污权交易制度的因素。王和惠勒（Wang & Wheeler，2000，2005）对排污收费制度的执行效果进行研究，表明排污收费等单一规制工具对污染减排激励作用较好。穆勒和门德尔松（Muller & Mendelsohn，2009）认为针对不同的污染物征收排污费的环境规制效果最好。贾瑞跃等（2013）研究表明市场激励型规制工具对生产技术进步具有显著的推动作用。周明月（2014）分析了不完全竞争市场结构下环境税和许可证制度对企业排污的影响，认为在垄断竞争市场结构下，规制者采取许可证制度而不采取税收政策，福利损失会减少。

对于自愿性或隐性环境规制工具，蒂尔特（Tilt，2007）认为环境信息披露对于促污染企业进行环境技术创新效果明显，以消除负面影响并维护公众形象。有村等人（Arimura et al，2008）认为环境绩效白皮书和ISO00001 认证标志能促进污染物减排，并提高资源利用率和节约规制成本。贾瑞跃等（2013）认为非正式环境规制对显著促进生产技术进步，但相对于排污收费等正式环境规制手段，环境信息披露等非正式规制对生产技术进步的影响较为缓慢。

对于环境规制工具的选择标准，沈芳（2004）认为边际社会成本曲线和边际收益曲线之间的相对斜率将决定环境规制工具的效果，当边际社会成本曲线越陡，而边际收益曲线越平，命令型规制工具造成的社会福利损失低于市场激励规制工具，政策选择会偏向于命令型规制工具。宋英杰（2006）认为制度因素影响环境规制政策工具的选择，各个地区应根据不同情况，采用市场型激励型规制与自愿型管制相结合，使环境外部性问题内部化，促进环境保护与经济可持续发展的协调。同时，他认为在东部经济发达地区，应以市场激励型规制为主，同时辅助使用自愿型规制工具，而西部以经济欠发达地区，应以命令型环境规制措施为主，加大惩罚力度，切实遏制企业的污染乱排现象。马士国（2008）认为环境规制工具的效果由环境问题的特点以及具体经济社会环境决定，应根据具体情况选择最佳的规制工具。杨洪刚（2009）指出政府在选择环境规制工具时，应根据目标变量、环境变量和工具变量的具体情况进行相应的环境规制工具选择。周华等（2011）认为政府在进行环境规制工具选择时，应考虑产业集中度、技术创新和污染排放量等因素，对于污染排放量较大的产业，应选择排放许可证或补贴等环境规制政策，而对于产业集中度高，技术创新能力较强的产业，应选择排放标准或排污费等环境规制政策。李芳慧（2011）提出环境工具的五个选择标准：适用性，即环境规制工具能够在不同时间和对不同环境问题的效果较好；可行性，即环境工具是否可以执行并且能否达到预期的政策效果；有效性，主要包括效果和效率；动态性，即环境规制工具能够适应环境的动态变化；导向性，即环境规制工具的选择要遵循一定的价值观导向。李晓敏（2012）认为环境政策的制定应充分考虑市场操纵、现存的规制环境、监管部门的执行力度和交易成本，这样可交易许可证规制工具才能最大限度地达到期望的经济效益和环境效益。贾瑞跃等（2013）认为我国环境规制工具应以命令控制型为主向市场激励型为主转变，并提高命令控制型规制工具的效率，完善以排污许可交易和排污收费为主的市场激励型规制工具，综合利用命令控制型和市场激励型规制工具，取长补短，发挥两种规制工具的互补优势。柳剑平和郑光凤（2014）提出应当制定恰当的环境规制政策，认为环境规制政策应是命令控制型规制和市场激励型规制相结合，采用命令控制型环境规制，处理必须完成的减排任务，采用市场激励型环境规制可以提高规制效率。张晓莹和张红凤（2014）基于 1999 ~ 2011 年中国省际面板数据进行实证分析，认为环境规制政策应多采取以绩效为基础的或以市场为基础的规制方式，而少采取命令控制型的规制方式。

2.3.2 环境规制工具的对比分析

从环境规制工具的对比分析来看，韦茨曼（Weitzman，1974）证明了当预期边际污染治理成本曲线比预期边际污染治理收益曲线斜率更大时，采用税收等市场激励型规制比命令控制型工具的减排效果更好。马加特（Magat，1978）、米尔里曼和普林斯（Milliman & Prince，1989）研究发现与命令控制型规制工具对被规制者规定一个固定的排污量相比，市场激励型环境规制工具，如排污收费、可交易许可证等，更能刺激环境技术的研发。瑞因德斯（Reijnders，2003）认为不同类型的环境规制工具比较，污染处罚和可交易排污许可证更有利于环境技术扩散。许庆瑞等（1995）通过案例研究了浙江 50 多家企业的 62 项环境技术创新指标，认为政府政策法令（即命令控制型）是企业外部环境技术创新最重要的动力源，公众舆论压力能起到一定的作用，而经济刺激手段的激励作用十分有限。吕永龙和梁丹（2003）对 12 种环境政策工具可能产生的技术效应进行比较分析，认为排污收费和排污权交易等市场激励型规制对技术创新具有长期激励作用，而命令控制型规制工具对技术创新只具有一次性的强制性激励效果。同时提出环境经济政策和信息披露等市场化手段应替代命令控制型手段成为主导型环境规制工具，命令控制型规制工具发挥补充作用。宋英杰（2006）从成本收益角度分析了环境规制工具的选择问题，认为当如环境污染的监督和测度等困难时，市场激励型规制工具更具优势；当市场激励型规制工具受技术或制度等因素制约时，命令控制型规制工具效果更好。马士国（2008）认为市场激励型规制工具和其他规制工具更多是作为命令控制型规制工具的补充，而不是后者的替代，但是市场激励型规制工具的环境治理效果更好。周华等（2011）研究了四个环境规制工具对企业技术创新的影响，发现工具效果的具体排序为补贴、排污费、排污许可证和排放标准。许士春等（2012）采用比较研究方法分析了污染税、可交易污染许可、污染排放标准和减排补贴等四种工具对企业减排行为、技术创新激励、污染排放总量的控制和政策实施成本的影响，发现四种工具对几种不同政策目标的影响排序存在明显差异。李斌和彭星（2013）研究表明市场激励型规制工具对环境技术创新的激励要优于命令控制型规制工具，通过直接效应及技术创新的间接效应，市场激励型规制工具比命令控制型规制工具的污染减排效果更好。廖进球和刘伟明（2013）比较了环境税和命令控制型规制工具之间的效果差异，相比于命令控制型规制工具，环境税更加有利于促进地区技术进步。郭庆（2014）基于省际面板数据实证分析了各类环境规制工具的相对作用，研究发现命令控制型规制工具的作用大于其他规制工具，环境规制工具的监督作用显著大于激励作用。王小宁和周晓唯（2014）研究表明命令控制型规制工具和市场激励型规制工具对我国西部地区的技术创新的影响显著为正，命令控制型规制工具对技术创新的促进作用更强，而隐性环境规制工具对技术创新具有抑制作用。

总之，不同类型环境规制工具对不同政策目标的作用效果存在差异，一些实证研究结论还存在分歧和矛盾，环境规制工具的效果取决于应用的场景和时机，同时应动态调整。

2.3.3 环境规制工具组合及选择标准

对于环境规制工具的组合运用，科林奇和奥兹（Collinge & Oates，1980）认为除了排污者之间可以交易排污许可证外，规制者也应该通过公开市场操作影响排污总量。乌诺尔德和李奎特（Unold & Requate，2001）提出多类型收费和多阶段收费混合工具，即对于不同的排污量区间颁发不同的许可证和征收不同的税率，有利于规制者根据递增的污染排放量采取不同措施。吴晓青等（2003）认为每一种环境规制工具都存在局限和不足，环境规制工具的组合可以弥补单个规制工具的缺陷，扩大环境政策的适用范围。秦颖和徐光（2007）比较了命令型环境规制工具、市场激励型规制工具、基于公开信息规制工具和基于自愿协议规制工具的效果差异，认为环境问题的解决一定是协议手段、信息手段、经济手段和强制手段相互支持和相互加强，只有环境问题才能得到解决。穆勒和门德尔松（Muller & Mendelsohn，2009）认为应该对不同来源的污染排放征收差异化的费用，有效的环境规制是排污者的边际减排成本等于污染造成的边际损失。杨洪刚（2009）认为不同环境规制工具的效果存在差异，政府在选择环境规制工具时，应当充分重视环境规制工具的多样性及各自的特点，通过环境规制工具的优化组合，实现环境规制工具实施效果的最大化。刘丹鹤（2010）在比较分析了命令控制型规制工具和市场激励型规制工具的政策效应差异的基础上，提出要坚持多重工具组合和综合治理并举的政策，以实现环境政策效果。李芳慧（2011）对我国环境规制工具选择存在的问题及原因进行了分析，认为应注重各种环境规制工具的优势互补，加强环境规制工具的优化组合，提升环境规制的效果。

针对组合环境规制工具的选择标准，吴晓青等（2003）认为协同性环境规制工具组合应遵循的标准为：规制工具功能强，性能优越，可操作性强；建立规制工具箱，箱中政策工具繁多，实现差异化，以满足不同需求；规制工具间具有互补性，能够相互替代和组合；建立规制工具组合效率标准，以评估规制工具组合的效果。杨洪刚（2009）指出政府在对各类环境规制工具进行优化组合时，需要坚持的原则为：兼顾经济发展和环境保护的原则；考虑每一种环境规制工具的互补性原则；兼顾公平和效率的原则；考虑时机的选择原则。

总之，对于环境规制工具选择的问题，学者们大致认为单一的规制工具局限性较大，组合工具的效果更好，但是这方面的文献不多，因此本书将实证模拟不同环境规制工具的组合效果，为政府的环境规制政策设计提供理论依据。

2.4 本章小结

本章对环境规制与经济增长、生产率、产业结构、技术创新和规制工具选择等五个方面的研究文献进行了系统性的梳理。一是从宏观视角和微观视角对环境规制与经济增长关系的文献进行了评述，宏观视角重点探讨了环境库兹涅茨曲线的研究，微观视角重点探讨了环境规制与企业产出增长关系的研究。二是分别从生产率、产业结构和技术创新视角分析了环境规制与经济可持续发展关系的研究，从正向、负向和不确定三个方面分析了环境规制对生产率的影响文献；对于产业结构，多数研究关注于环境规制的创新补偿效应的存在性，也有研究从成本效应、比较优势效应、壁垒效应和时机选择效应等方面分析环境规制对产业结构影响；对于技术创新，多数文献重点从环境规制正向、负向和不确定三个方面研究了环境规制对技术创新的影响，但是对环境规制于技术创新效率和绩效关系研究，以及对生产技术创新和清洁技术创新加以区别进行的研究不足，会影响环境规制对技术创新的影响的研究结论。三是针对环境规制工具的选择，对单一环境规制工具的效果研究较多，但对环境规制工具组合的研究不够深入，环境规制工具组合的选择标准及工具效果需要进一步研究。

第3章　我国环境规制工具的发展演进过程及效果

随着环境问题的日益复杂，政府部门所制定的环境规制工具也在不断地更新和发展。环境规制工具中既有强制性的排放标准和环境评价等政策，也有排污权交易和补贴等政策，还有信息公开和公众参与监督等政策工具。不同类型的环境规制工具，施加给企业的成本和对企业提供的创新激励存在差异，对环境规制工具的发展演进及效果进行分析，有助于把握环境规制对经济可持续发展的作用。本章将对我国环境规制工具的分类、演进过程以及现行环境规制工具的效果进行分析。

3.1　我国环境规制工具的分类

我国从20世纪70年代开始建立环境保护的法律法规，近年来环境规制政策工具不断丰富和完善，环境规制和经济可持续发展的协调性不断提高。在实际应用过程中，存在多种不同类型的环境规制工具，研究者们从不同角度对其进行分类。从1.1节的环境规制类型来看，我国目前的环境规制工具类型也可分为显性规制工具和隐性规制工具两大类，显性环境规制工具又分为命令控制型、市场激励型和自愿性三类，这些构成了我国环境规制工具体系，如表3-1所示。

表3-1　　　　　　　　我国环境规制工具的分类

环境规制工具类型		实施时间
命令控制型	环境影响评价制度	《中华人民共和国环境保护法（试行）》（1979）、《建设项目环境保护管理条例》（1998）、《中华人民共和国环境影响评价法》（2003）、《建设项目环境影响评价分类管理名录》（2008）

续表

环境规制工具类型		实施时间
命令控制型	"三同时"制度	《关于保护和改善环境的若干规定》(1973)、《关于加强环境保护工作地报告》(1976年重申该项制度)、《中华人民共和国环境保护法》(1979, 1989)
	污染物总量控制制度	《大气污染防治法》(2005)、《水污染防治法》(1984)、《海洋环境保护法》(2000)
	排污许可证制度	《水污染排放许可证管理暂行办法》(1988)、《水污染防治实施细则》(1989)、《水污染防治法》(2008)
	限期治理	《中华人民共和国环境保护法》(1989)
	关停并转	《国务院关于环境保护若干问题的决定》(1996)
市场激励型	排污收费	《征收排污费暂行办法》(1982)、《排污费征收标准管理办法》(2003)
	排污权交易	1987年开始试点；《关于开展"推动中国二氧化碳总量控制及排污交易政策实施的研究项目"示范工作地通知》(2002)
	生态环境补偿费	《江苏省集体矿山企业和个体采矿收费试行办法》(1989)，并在广西、福建、山西等多地展开
	城市排水设施使用费	《国家物价局、财政部关于征收城市排水设施使用费的通知》(1997)
	补贴政策	《征收排污费暂行办法》(1982)
	矿产资源税和补偿费	《中华人民共和国矿产资源法》(1986)
自愿性	信息公开	《中国环境状况公报》(1989)、《中国环境统计年鉴》(1989)、《中国环境保护大事记》(1989)、"中国环境统计公报"(1995)、"城市空气质量周报"(1997)、《关于企业环境信息公开的公告》(2003)、《环境信息公开办法(施行)》(2008)
	公众参与监督	绿色GDP核算试点(2004)、《环境影响评价公众参与暂行办法》(2006)、环境影响评价公众听证(2006)
	宣传教育	中华环保世纪行(1993)、全国环境宣传教育行动纲要(1996~2020年)(1996)、绿色学校(1996)、全国中小学绿色教育行动(1997)、绿色社区(2001)
隐性	环境标志	中国环境标志认证委员会(1994)、中国环境管理技术委员会(1995)、环境管理体系审核中心(1996)、ISO14000认证制度(1996)
	环境管理系统认证	1995年开始全国推行

命令控制型规制工具我国最早使用的环境规制工具类型，按照控制阶段可分为事前控制、事中控制和事后控制。主要包括：环境影响评价、“三同时”等事前控制工具；可交易排污许可证污、污染总量控制等事中控制工具；关停并转、限期治理等事后控制工具。这类环境规制工具实施的较早，是目前我国影响最为广泛的环境规制政策。

目前，虽然命令控制型规制工具仍然占主导地位，但我国的环境保护逐步强调市场机制的积极作用，市场激励型规制工具的优势日益显现。从1982 年我国开始实施排污收费制度，市场激励型规制工具不断丰富，主要包括：排污收费、排污权交易、生态环境补偿费、城市排水设施使用费、补贴政策、矿产资源税和补偿费等。

自愿性环境规制工具也具有较好的规制效果，工具种类日益增多。我国目前的自愿性环境规制工具包括：信息公开、公共参与监督和宣传教育。我国一直注重环境保护的宣传与教育，提高公共参与的积极性和广泛性。20 世纪 90 年代，自愿性环境规制工具主要形式有：环境宣传教育、环境统计年鉴和统计公报、生态标志、城市环境整治考核等。目前，公众参与环境监督、环境信息公开等自愿性规制措施逐渐得到发展。

我国目前隐性环境规制工具主要有环境标志、环境管理系统认证两类，具体包括全国推行的国际环境管理系统认证（1995）、中国环境标志认证委员会（1994）、中国环境管理技术委员会（1995）、环境管理体系审核中心（1996）、ISO14000 系列标准等同转化为国家标准（1996）。

通过对我国环境规制的分类进行总结，可以发现，命令控制型环境规制实行的历史较早，目前仍然处于主导地位。但是，近年来市场激励型环境规制工具和自愿性环境规制工具在不断地推出和受到重视，效果不断显现。随着我国经济社会不断发展，环境规制的市场化程度不断提高，公众参与环境保护的意愿不断地增强，命令控制型环境规制工具在环境规制中所占的比重将逐步下降。

3.2　我国环境规制工具的发展演进过程

从 20 世纪 70 年代开始，环境保护开始逐渐得到我国政府的重视。环境保护机构从无到有，地位不断提高；环境法律法规逐步建立与完善；环境规制工具从最初仅有命令型环境规制，逐步过渡到有市场参与和公众监督。为了更好地理解我国环境规制的变化趋势，可粗略地将我国环境政策和法规的发展演进过程划分为四个阶段。

第一阶段是环保机构组建和环境立法的起步阶段（20 世纪 70 年代初期到 70 年代末期）。这一时期，国家开始专门的环境管理机构，制定了一系列环境保护政策，唤醒人们对环境问题的重视。1971 年，原国家基本建设委员会下设了工业"三废"利用管理办公室，卫生部还组织了对各大水系、海域和城市的污染调查与监测，初步取得了我国环境污染状况的资料。1972 年，中国政府派团参加联合国人类环境会议。1973 年，我国召开第一次全国环保会议，将环境保护列为政府的重要议事日程。1973 年，国务院批复了《关于保护和改善环境的若干规定（试行草案）》，标志着中央政府对国家环境保护政策的宣示，在当时起到了国家环境保护基本法的作用。1974 年，我国环境保护行政机构——环境保护领导小组成立。20 世纪 70 年代，我国政府制定了一些重要的环境保护规划纲要和政策，并且出台了如限期治理、"三同时"等有效的环境规制政策工具。1973 年，国家制定并颁布了"工业三废排放试行标准"，并制定了如食品工业、生活饮用水等标准。1978 年，我国在《宪法》第 11 条规定："国家保护环境和自然资源，防治污染和其他公害。"这一规定为国家制定专门的环境保护法律奠定了基础。

第二阶段是环保机构建立和环境立法的初步形成阶段（20 世纪 70 年代末期到 80 年代末期）。1979 年，《环境保护法（试行）》草案获得人大表决通过，标志着我国的环保法律体系开始形成。1982 年，《宪法》第 26 条规定"国家保护和改善生活环境和生态环境，防治污染和其他公害。"同时，《宪法》也对自然资源的利用和保护作出了规定，这些修改为全方位环境立法与资源保护提供了依据。1982 年，我国组建城乡建设环保部，内设环境保护局，形成城乡建设与环保一体化的管理体系。1984 年，城乡建设环保部的环境保护局更名为国家环保局，成为国务院环保委员会的办事机构。从 1982 年开始，我国制定了一系列环保法律法规，如《海洋环境保护法》（1982）、《水污染防治法》（1984）、《大气污染防治法》（1987）和《水污染排放许可证管理暂行办法》（1988）等环境保护专门法律，以及《森林法》（1984）、《草原法》（1985）、《土地资源管理法》（1986）、《矿产资源法》（1986）和《渔业法》（1986）等自然资源法；制定了《船舶污染海域管理条例》（1982）、《征收排污费暂行办法》（1982）、《关于结合技术改造防治工业污染的几项规定》（1983）和《关于防治煤烟型污染技术政策的规定》（1984）等行政法规和部门规章；发布了

《工业三废排放试行标准》、《食品卫生标准》和《生活饮用水卫生标准》等环境标准。这段时期，我国环境保护法规体系初步形成。然而在这个时期，尽管制定和颁布的法律较多，由于各级政府和行政机构热衷于抓经济发展，使得环境保护法律的实施在各地一直处于难以落实的尴尬境地。

第三阶段是环境规制体系的逐步完善阶段（20 世纪 80 年代末期到 90 年代末期）。1988 年，国家环保局升格为国务院直属机构，对加强环境保护具有重要意义。全国不同层级的政府部门也设立环境保护部门，各行业主管部门设立相应的环境管理机构。1993 年，全国人大设立了环境保护委员会。由此，我国的环境保护形成了由人大立法监督，政府负责实施，环境行政部门统一监督，企业承担污染防治责任，公众参与的环境监管体系。这一时期，我国的环境立法面临如何兼顾经济发展和环境保护的问题。1989 年，全国人大常委会通过了对《环境保护法》的修订。出台和修订了《大气污染防治法》（1995 年第一次修订）、《固体废物污染环境防治法》（1995）、《水污染防治法》（1996 年第一次修订）、《环境噪声污染防治法》（1996）和《节约能源法》（1997）等多个环保法规。行政法规和部门规章不断完善，如《水污染防治法实施细则》（1989）、《放射环境管理办法》（1990）、《环保优质产品评选管理办法》（1990）、《超标环境噪声排污费征收标准》（1991）、《超标污水排污费征收标准》（1991）、《征收工业燃煤 SO_2 排污费试点方案》（1992）、《海河流域水污染防治条例》（1995）、《酸雨控制区和二氧化硫控制区划分方法》（1997）等。截至 1997 年，我国颁布环境法律 6 部、环境行政法规 28 件、部门环境规章 70 余件、资源法律 9 部、各类环境标准 390 项，有效推动了环境保护与经济社会的协调发展。

第四阶段是环境规制体系的不断强化和创新阶段（20 世纪 90 年代末期到现在）。这一时期我国环境立法领域不断拓宽，环境监管权威逐步提高。1998 年，撤销国务院环境保护委员会，国家环保局升格为正部级，新组建国土资源部负责自然资源的规划保护工作。随着国家对环保工作的不断重视，2008 年，组建环境保护部，提高了环境监管权威。2000 年开始，国家开始加强并不断规范环境与资源保护的立法行动。为了贯彻建设生态文明的战略思想，我国制定和修订了多项环保法律法规和部门规章，如《海洋环境保护法》（1999 年第一次修订）、《大气污染防治法》（2000 年第二次修订）、《清洁生产促进法》（2002）、《放射性污染防治法》（2003）、《环境影响评价法》（2003）、《固体废物污染环境保护法》（2004 年第一次修订）、《节约能源法》（2007 年第一次修订）、《可再生能源法》（2005 年，2009 年第一次修订）、《水污染防治法》（2008 年第三次修订）、《循环经济促进法》（2008） 等多部法律法规；以及《建设项目环境保护管理条例》（1998）、《国家危险废物名录》（1998）、《全国生态环境建设规划》（1998）、《全国生态环境保护纲要》（2000）、《燃煤二氧化硫污染防治技术政策》（2002）、《排污费征收管理条例》（2002）、《关于加快绿色食品发展的意见》（2002） 等多项行政法规和部门规章。2007 年通过的《物权法》 中也对自然资源保护和环境污染侵害救济相关的内容进行了规定。2007 年，中共十七大提出将生态文明建设作为新的要求，并发布了《国家环境保护“十一五” 规划》，这些重大举措确立了以保护环境优化经济发展的治理理念。截至“十一五”末期，国家环境保护标准体系的主要内容已经基本健全，各项环境法律法规和规章如国家环境质量标准 14 项，环境监测规范 705 项，国家污染物排放标准 138 项，环境基础类标准 18 项，管理规范类标准 437 项。2014 年 4 月，全国人大常委会通过了对《中华人民共和国环境保护法》 的修订。新环保法对环境问题的治理提出了三方面的创新。第一个方面是对污染的预先控制，提出了坚持保护优先、预防为主、综合治理、公众参与、损害担责的原则，在生态环境敏感区和重点生态功能区划定生态保护红线，实行严格保护，并建立跨行政区的环境污染和生态破坏的区域联防机制。第二个方面体现在更加严格的事后治理，对于违法排放污染物，拒不改正的，可以按照原数额按日连续处罚。第三个方面体现在信息公开和公众参与方面，新的环境保护法规定公民可以依法获取环境信息，并享有相应的知情权、参与权和监督权。2014 年 8 月，国务院出台了《国务院办公厅关于进一步推进排污权有偿使用和交易试点工作的指导意见》，对建立排污权有偿使用制度、排污权交易的推进和相关制度保障方面进行了安排，为我国市场型环境规制工具的运用奠定了政策基础。

通过以上分析，可以发现我国环境立法呈现快速增加的趋势，涉及的环境保护范围不断扩大。政府从直接使用命令控制型规制工具逐渐转换到运用市场手段对节能减排进行控制的趋势正在不断增强。对污染的治理态度也从事后治理向预先控制、防控结合开始转变，企业和公众对参与节能减排和环境监督的意愿正在不断地增强。

3.3 我国环境规制工具的效果

3.3.1 命令控制型环境规制工具

对于命令控制型环境规制工具，重点分析环境影响评价、“三同时”、排污许可证和污染限期治理等几种典型规制工具的效果。

1. 环境影响评价制度

环境影响评价制度是命令控制型规制工具之一。环境影响评价是指对建设项目实施后可能造成的环境影响进行预测、分析和评价，提出预防环境影响的对策措施，进行跟踪监控的制度。

我国的环境影响评价制度始于20世纪70年代末。1978年，《环境保护工作汇报要点》的报告中首次提出应实施环境影响评价。1979年，《中华人民共和国环境保护法（试行）》中对建设项目进行环境影响评价作出了明确规定。2002年，全国人大通过了《环境影响评价法》，以专门立法确定了环境影响评价制度。我国在2003年之前只对建设项目实行环境影响评价，从2003年实施了《环境影响评价法》之后，项目规划也应该纳入环境影响评价的对象范围。此外，在建设项目环境保护管理方面，1981年和2009年，多部委联合颁布的《（基本）建设项目环境保护管理办法》，对环境评价的范围、程序和方法等内容做出了明确规定。1989年，《环境保护法》修订中提出了污染环境项目的建设，必须遵守国家有关建设项目环境保护管理的规定。1999年，颁布实施了《建设项目环境保护管理条例》。2008年，颁布了《建设项目环境保护分类管理名录》。2009年，颁布了《规划环境影响评价条例》。

此外，我国还在《环境噪声污染防治法》《水污染防治法》和《海洋环境保护法》等规定了不同领域环境评价的要求。目前，在我国环境规制体系中环境评价制度是较为完善的环境制度，包括一系列法律、部门规章和行政法规。表3－2给出了具体的环境评价制度。

表3－3给出了1996～2013年我国环境影响评价制度的具体执行情况及效果，从表中可以看出，近年来我国执行环境影响评价的项目数不断上升，环境影响评价执行率不断提高。执行环境影响评价的项目数从1996年的6.54万件增加到2013年47.63万件，环评执行率逐年上升，从1996年的81.6%提升到接近100%的水平。说明环境评价制度在新建项目中已得到较好的落实。

表 3 - 2　　我国的环境影响评价制度

类别	法规和规章的名称	时间	机构
法律	中华人民共和国环境保护法	1979	全国人大
	中华人民共和国环境影响评价法	2003	全国人大
行政法规	建设项目环境保护管理程序	1990	国务院
	建设项目环境保护管理条例	1998	国务院
	规划环境影响评价条例	2009	国务院
部门规章	基本建设项目环境保护管理办法	1981	国务院环境保护小组
	建设项目环境保护管理办法	1986	国家环境委员会
	基本建设项目环境影响评价收费标准的原则与方法	1989	环保总局
	建设项目竣工环境保护验收管理办法	2001	环保总局
	建设项目环境影响评价文件分级审批规定	2003	环保总局
	建设项目环境影响评价资质管理办法	2006	环保总局
	环境影响评价公众参与暂行办法	2006	环保总局
	建设项目环境影响评价分类管理名录	2008	环境保护部
	环境保护部直接审批环境影响评价文件的建设项目目录	2009	环境保护部
	建设项目环境影响评价文件分级审批规定	2009	环境保护部

表 3 - 3　　环境影响评价制度现状

年份	新开工的建设项目数（万）	执行环境评价项目数（万）	环评执行率（%）
1996	8. 02	6. 54	81. 6
1997	7. 99	6. 82	81. 6
1998	8. 32	7. 89	85. 4
1999	10. 24	9. 49	94. 8
2000	13. 93	13. 51	92. 7
2001	19. 38	18. 8	97
2002	23. 72	23. 31	97
2003	28. 11	27. 8	98. 3
2004	32. 32	32. 1	98. 9
2005	31. 56	31. 4	99. 3
2006	36. 48	36. 35	99. 5
2007	28. 05	27. 8	99. 7

续表

年份	新开工的建设项目数（万）	执行环境评价项目数（万）	环评执行率（%）
2008	26.83	26.8	99.1
2009	24.9	24.85	99.9
2010	39.02	39.98	99.8
2011	37.82	37.78	99.9
2012	—	42.8	—
2013	—	47.62	—

资料来源：《全国环境统计公报》，“—”表示数据缺失。

随着环保实践不断深入，环境影响评价制度的不断完善，有效地促进了污染减排和环境保护，在环境保护与经济可持续发展协同中发挥了重要作用。但环境影响评价制度仍然存在不足，如在实施过程中，审批依据和核查标准难以掌握、公众参与程度偏低和评价的可靠性较差等问题，需要进一步改进和完善。

2. “三同时”制度

“三同时”制度是一种命令控制型环境规制工具，是指新建项目、改扩建项目和技术改造项目的环保设施必须与主体工程同时设计、施工和投产使用，是以预防污染为主，用于建设项目实施阶段的环境规制政策工具。“三同时”制度从项目建设全周期保障环境设施建设与运行，适用于环保部门对建设项目竣工的环境保护验收管理。

1973年，国务院发布的《关于保护和改善环境的若干规定》中首次提出了“三同时”制度。1981年，国务院在《关于在国民经济调整时期加强环境保护工作的决定》中对“三同时”制度的适用范围进行了扩展，要求对更新改造的项目都必须严格执行‘三同时’的要求。1984年，国务院发布的《关于环境保护工作的决定》进一步将“三同时”制度的适用范围扩大可能引起环境问题的所有项目。1989年，《中华人民共和国环境保护法》第26条规定：“建设项目中防治污染的设施，必须与主体工程同时设计、施工和投产使用。污染防治设施必须经原审批环境影响报告书的环保部门验收合格后，项目才可投产使用。”经过不断实践完善，将其由“防治污染的措施”扩大到“环境保护的措施”，“三同时”制度与环境影响评价制度成为国家法律规定中有关控制新污染源的重要手段。

表3-4给出了我国“三同时”制度的执行状况及效果。从数据可以看出，自“九五”以来，我国“三同时”制度的执行效果不断提升，实

行“三同时”的项目比重越来越大，合格率也越来越高，具体来看，“三同时”合格项目数从 1996 年的 17938 项提高到 2013 年的 145363 项，“三同时”项目合格率从 1996 年的 88. 66% 提高到 2008 年的 96. 65. 97%，建设项目“三同时”环保投资总额从 1996 年的 110. 83 亿元提高到 2013 年的 2964. 5 亿元。这表明，我国“三同时”制度的执行率较高，这项制度的制定与执行都达到了设计时的效果。

表 3 – 4　　　　　　建设项目“三同时”制度执行情况

年份	“三同时”合格项目数（项）	项目合格率（%）	建设项目“三同时”环保投资总额（亿元）
1996	17938	88. 66	110. 8
1997	16650	91. 17	128. 8
1998	18063	94. 39	142
1999	22522	96. 08	191. 2
2000	28709	96. 94	260
2001	36020	98. 61	336. 4
2002	51882	98. 68	389. 7
2003	63191	97. 56	333. 5
2004	78907	96. 36	460. 5
2005	70793	95. 6	640. 1
2006	81480	91. 85	767. 2
2007	84217	98. 65	1367. 4
2008	95453	97. 97	2146. 7
2009	—	—	1570. 7
2010	106765	98. 00	2033
2011	125139	97. 90	2112. 4
2012	128758	97. 32	2690. 4
2013	145363	96. 65	2964. 5

资料来源：《全国环境统计公报》，“—”表示数据缺失。

3. 排污许可证制度

排污许可证制度是指任何单位或个人向环境中排放废水、废气、废物时，都应当向环境保护部门办理申领排污许可证手续，经过批准后，才能向环境排放污染物的制度。排污许可证制度涵盖排污申报登记、环境影响评价、环境标准管理、环境监测、排污收费、环保设施监管和限期治理等制度和规定，是控制环境污染的有效管理手段。排污许可证主要用于大气污染和水污染的排放。

自 20 世纪 80 年代以来，我国开始排污许可证制度的试点工作。1987 年，国家环保总局在上海、杭州等 18 个城市进行污染物排放许可证制度试点。1988 年，国家环保总局发布了以总量控制为核心的水污染排放许可证管理暂行办法和开展排放许可证试点工作的通知。1989 年，第三次全国环境保护会议上确立了排污许可证制度为我国环境污染防治政策体系的核心制度之一。1988 年颁布、2008 年修订的《水污染排放许可证管理暂行办法》和 1989 年颁布、2000 年修订的《水污染防治法实施细则》对水污染物排放许可证制度做出了原则上的规定。1996 年，我国正式把污染物排放总量控制政策列入环保考核目标。2000 年，颁布的《中华人民共和国大气污染防治法》规定，企业须按照核定的主要大气污染物排放总量以及许可证规定的排放条件进行排放污染物。2000 年，颁布的《中华人民共和国海洋环境保护法》规定，应建立并实施重点海域排污总量控制制度，并确定主要污染排放总量指标。2008 年，《排污许可证管理条例（征求意见稿）》对生产经营过程中排放废气、废水、产生环境噪声污染和固体废物的行为进行许可证管理，但是该条例没有实施。2014 年，我国发布了进一步推进排污权有偿使用和交易试点工作的指导意见，规定了排污权应当以排污许可证的形式予以确认。

排污许可证制度已成为我国环境治理的重要手段，有效促进了环境管理水平的提升和环境质量的改善，加强了企业环保意识。对于那些环保理念先进、环保工作基础较好的地区排污许可证制度效果更好。

4. 污染限期治理制度

污染限期治理制度是为使企业的污染物排放达到标准而强制规定企业整改和污染治理的期限。限期治理的对象包括两大类：第一类是严重污染环境的污染源，第二类是位于特别保护区域内的超标排污的污染源。

1973 年颁布的《关于保护和改善环境的若干规定》要求各级政府部门必须对现有污染进行规划治理并逐步解决。1978 年，限期治理制度正式实施。1979 年，《环境保护法（试行）》第 17 条规定“在特殊保护区不准建设污染环境企业；对于已经建成的企业，要限期治理、整改或搬迁”。1989 年，《中华人民共和国环境保护法》对限期污染治理作出正式的法律规定。2000 年，《大气污染防治法》和《水污染防治法实施细则》明确了限期治理是一种行政处罚形式。

表3－5给出了污染限期治理制度的执行情况（2008年以后数据缺失），污染限期治理项目数从2001年的15867项增加到2008年的25899项，限期治理投资额从2001年的106.7亿元增加到2008年的399.8亿元，关停并转企业数从2001年的6574个增加到2008年的22488个。总的来看，污染限期治理制度的执行力度不断加大，环境标准不断提高，对于提升企业的治污能力和优化产业结构都起到了积极的促进作用。

表3－5　　污染限期治理制度

时间	限期治理项目投资额（亿元）	限期治理项目数（项）	关停并转企业数（个）
2001	106.7	15867	6574
2002	101.8	24668	8184
2003	122.9	27608	11499
2004	146.4	22649	13348
2005	178.4	22126	10777
2006	237.9	20578	10030
2007	326.4	24113	25733
2008	399.8	25899	22488

资料来源：《全国环境统计公报》。

3.3.2　市场激励型环境规制工具

1. 排污收费制度

排污收费制度是指按照环保部门依法核定的污染物排放的种类和数量，排放污染物的排污者直接向法律授权的行政主管部门缴纳一定费用的行为规范。排污收费制度包括排污费征收、排污收费的相关立法以及资金的管理与使用等规定。1979年，颁布的《环境保护法（试行）》规定“超过国家规定标准排放污染物，要根据污染物排放的数量和浓度收取排污费”，其背景在于当时国有企事业单位的生产工艺和设备普遍陈旧落后，法律若规定要求污染物全面试行达标排放则不符合中国的国情。1982年，颁布的《征收排污费暂行办法》对排污收费的范围、目的、标准以及费用的管理等做了具体规定。1989年，国务院发布了《污染源治理专项基金有偿使用暂行办法》，将原来规定直接返还给企业的部分比例排污费作为环境保护补助资金。2002年，国务院修订了《排污费征收使用管理条例》，对排污费征收和使用管理作出了明确具体的规定。随后，国家环保总局（2008 年后的环境保护部）相继发布了排污费征收、管理和使用文件。2011 年，国务院印发国家环境保护“十二五”规划，提出要推进环境税费改革，完善排污收费制度，全面落实污染者付费原则，完善污水处理收费制度。

表 3 -6 给出了排污收费和污染治理投资情况。从排污费来看，总体呈现不断上升趋势，2007 年之后波动比较平稳，说明污染总量在这段时间内逐渐上升，但是速度已经开始下降。而排污费缴费的单位数量呈现逐渐下降趋势，原因是企业治污技术水平不断提升，排放达标的企业比例不断提高，或是产生环境污染的企业或产业不断整合和兼并，从而造成污染集中排放。从污染治理投资总额的变化情况来看，企业的污染治理投资总体呈现不断提高趋势，其中，2008 ~2010 年污染治理投资总额有短暂的下降，这主要是由于经济下滑造成的财政投入下降。2012 年以来，废水治理和固体废物治理的投资逐步下降，而废气治理投资显著上升，这与 PM2.5 等空气污染物增加导致大气污染加剧有关。

表 3 -6　　排污收费和污染治理投入状况

年份	污染治理投资总额（万元）	废水治理投资（万元）	废气治理投资（万元）	固体废物治理投资（万元）	排污费解缴入库户数（户）	排污费解缴入库户金额（亿元）
1999	1527306.9	688301.6	509847.3	83353.6	722375	55.45
2000	2347894.7	1095897.4	909241.6	114673	737193	57.96
2001	1745280	729214.3	657940.4	186967.2	769500	62.2
2002	1883662.8	714935.1	697864.3	161287.3	918000	67.4
2003	2218281	873747.7	921222.4	161763.4	582000	73.1
2004	3081059.5	1055868.1	1427974.9	226464.8	733000	94.2
2005	4581908.7	1337146.9	2129571.3	274181.3	746000	123.2
2006	4839485.1	1511164.5	2332697.1	182630.5	671000	144.1
2007	5523909.4	1960721.8	2752642.2	182531.9	635721	173.6
2008	5426403.8	1945977.4	2656986.8	196850.6	496506	185.23
2009	4426206.9	1494606	2324616	218535.7	446422	172.19
2010	3969768.2	1295519.1	1881882.5	142692.2	401172	188.89
2011	4443610.1	1577471.08	2116810.6	313875.25	370700	189.95
2012	5004572.67	1403447.54	2577138.65	247499.33	351326	188.92
2013	8676646.57	1248822.26	6409108.71	140480.06	352316	204.81

资料来源：《全国环境统计年鉴》。

虽然，近年来我国排污收费制度取得了一定效果，但是仍然存在需要改进的地方。一是收费标准需要调整，相对于污染治理成本或边际成本，目前的排污费管理条例中污染物排放的收费标准设定偏低，导致企业污染减排的积极性不高。二是排污费用征收对象扩大，成本增加，费用征收力度有待加强。三是排污收费制度的资金使用效率不高，存在排污费用资金挪用现象，资金管理使用有待规范。因此，排污收费制度需要不断完善，不断提升环境和经济效益。

2. 可交易许可证制度

可交易许可证制度是通过对排污权利的界定，允许对排污权利进行市场交易以实现污染治理资源的最优配置的制度。可交易许可证的价格是通过市场机制形成的，提高定价的准确性和资源配置的效率。20 世纪 80 年代，上海开始有偿转让排污权试点。1999 年，南通和本溪试点二氧化硫排污权交易。2000 年以来，国家出台了《二氧化硫排污许可证管理办法》《二氧化硫排放权交易管理办法》等许可证交易办法。2001 年南通天生港发电公司与南通另一家大型化工公司进行了 SO_2 排污权交易，这是我国第一个二氧化硫排污权交易案例。2002 年，环保总局在上海、天津、山东、江苏、河南和山西等省份推行二氧化硫排放总量控制实施试点。2007 年，国家环保总局启动国家环境经济政策试点项目，开展排污权交易试点工作，截至 2013 年，财政部、环保部和发改委先后批复了江苏、浙江、山西、内蒙古和重庆等 11 个省区市等开展排污权交易试点。2014 年，国务院发布了《关于进一步推进排污权有偿使用和交易试点工作的指导意见》，到 2015 年底，试点地区全面完成对现有企业排污权的核定。2017 年底基本建成排污权交易制度，建立排污权有偿使用和交易制度的全面推行基础。

3.3.3 自愿性环境规制工具

1. 环境认证

环境认证是对公司的管理结构和管理程序进行认证。目前主要的环境认证有 ISO14000 和 EMAS 等。1993 年 6 月，国际标准化组织（ISO）成立了环境管理标准技术委员会（ISO/TC207），将环境管理工作正式纳入国际标准化，以规范企业和社会团体的环境行为。ISO14000 环境管理系列标准就是由该委员会负责起草和颁布的。为有效开展环境管理体系认证，我国在全国范围内开展了环境管理体系认证试点。1997 年 5 月，中国环境管理体系认证指导委员会成立，指导并统一管理 ISO14000 系列规范的实施工作。1993 年欧盟发起生态管理和审核计划（Eco – Management and Audit Scheme，EMAS），是一个用于企业和其他组织进行评估、报告和促进其环保表现的管理工具，当时仅限于工业企业。自 2001 年起，EMAS 向所有经济实体开放，包括公共或私人服务业，2010 年第三版修订后，可以在欧盟以外的国家推广应用，EMAS 包含了 ISO14001 的要求。

在产品认证方面，环境标志是环境保护机构根据一定的环境标准向企业颁发的证书或环境标识，以证明其产品的生产等环节符合环保要求。我国最权威的绿色、环保产品认证是环境标志产品认证，又称为十环认证，由环保部制定中环协（北京）认证中心为唯一认证机构。通过产品认证，促使企业进行产品调整，进行产业结构升级、改进生产技术，从而达到清洁生产的目的。

2. 环境听证与公众参与制度

2002 年，我国颁布的《环境影响评价法》要求对建设项目可能造成的不良影响，应通过举行听证会、论证会等方式，征求专家、公众和有关部门对环评报告书的意见。2004 年，《环保行政许可听证暂行办法》以法规的形式规定了公民参与环境政策的制定。2006 年，颁布的《环境影响评价公众参与暂行办法》规定了公众参与环境影响评价的程序、范围和组织形式等内容。2014 年，新制定的《环境保护法》第 53 条规定“公民、法人和其他组织依法享有获取环境信息、参与和监督环境保护的权利。”《环境保护法》第 57 条规定“公民、法人和其他组织发现任何单位和个人有污染环境和破坏生态行为的，有权向环境保护主管部门或者其他负有环境保护监督管理职责的部门举报。”对公民参与和进行环境保护监督进行了相关的法律界定，从而有力地支持了公众参与环境问题的治理。

总的来看，我国现阶段执行的环境评价制度和建设项目“三同时”制度等命令控制型规制工具得到了较好的执行。排污收费制度和排污交易许可证制度等市场激励规制工具影响范围逐渐扩大，效果日益显现。随着企业和公众参与环境保护的意愿不断地增强，自愿性环境规制方式的作用不容忽视。近十年来，我国单位工业排放污染强度逐年下降，从 2003 年的 14.74 下降到 2013 年的 4.75，单位产值的“三废”排放量大幅下降，不同类型的环境规制工具共同发挥作用，使得我国环境治理的效果不断显现。

3.4 本章小结

本章对我国环境规制工具的分类、发展演进过程及效果进行了分析。

一是对我国现行环境规制工具的类型进行了梳理，具体来说从显性环境规制工具和隐性环境规制工具两个方面，显性环境规制工具包括命令控制型规制工具、市场激励型规制工具和自愿性规制工具三种类型，对每一类环境规制工具包含的具体工具类型，颁布实施时间等进行了系统总结。二是对我国环境规制工具的发展演进过程进行了归纳，从 20 世纪 70 年代，我国开始组建环保机构和环境立法起步开始，将我国环境规制工具的发展演进划分为四个阶段，对每一阶段的环境立法和环境规制工具调整进行了总结。三是对不同类型的环境规制工具效果进行分析，主要分析命令控制型、市场激励型和自愿性环境规制工具三种工具中的典型规制工具的效果。

第4章　生产率视角下的环境规制与经济可持续发展

4.1　引　　言

改革开放以来，工业作为我国经济的主体实现了年均11.5%左右的高速增长态势，与此同时，工业也是资源消耗和污染排放的主体，加速推进的工业化进程和粗放型的增长模式所引发的高能耗、高污染、自然资源和环境破坏等问题日益严重，产业发展与环境保护的矛盾日益显现，环境规制与经济社会可持续发展问题被学术界、产业界和政府所广泛关注。由于环境具有公共品属性和污染的负外部性，环境规制是弥补市场化手段失灵解决环境污染问题的重要手段。而对于经济增长问题的研究，生产率又是核心。因此，研究环境规制与生产率的关系，发现内在影响机制，对于实现经济可持续增长和环境污染控制二者的协调具有重要理论价值和现实指导意义。

现有研究对环境规制与生产率的研究结论存在分歧，第一种观点认为环境规制对于生产率有负面影响。严格的环境规制提高了企业的成本，削弱了企业的竞争力，抑制了企业的创新行为，进而影响了企业的生产率（Christiansen & Haveman，1981；Jorgenson & Wilcoxen，1990；杨骞和刘华军，2013）。杰斐等人（Jaffe et al，1997）认为企业为了满足环境规制的要求，从而形成遵循成本，企业的生产流程或管理实践由于环境规制的要求而被迫改变，造成企业的生产效率降低。格雷（Gray，1987）对1958～1980年间美国450个制造业的环境和健康安全规制对生产率水平和增长率的影响进行了实证研究，发现两种社会规制导致产业生产率增长每年平均降低0.57%。许冬兰和董博（2009）以中国工业为研究对象，采用DEA方法分析了环境规制对中国工业的技术效率和生产力损失的影响，研究表明环境规制促进了工业技术效率提升，但是对生产力的发展不利。第二种观点认为环境规制对于生产率有正向影响。恰当的环境规制促进企业进行技术创新，产生创新补偿成本效应，促进生产率的提升（Porter & Linde，1995；Mohr，2002；Greenstone & List，2012）。王兵等（2008）运用Malmquist – Luenberger 指数方法测度了 1980 ~ 2004 年 17 个 APEC 国家和地区包含二氧化碳排放的全要素生产率的增长及其成分，研究结果显示，考虑环境规制影响，APEC 国家的全要素生产率的增长率上升，技术进步是主要原因。张成等（2010）基于 DEA 方法测算出中国工业部门的全要素生产率，并检验了其与环境规制之间的关系，结果表明，环境规制与全要素生产率存在协整关系，并且在长期内对全要素生产率的争相促进作用更为明显。第三种观点认为环境规制对生产率的影响具有非线性关系或者存在行业、地区的异质性差异（Jaffe et al，1995；Palmer et al，1995）。谢垩（2008）对我国省际工业行业的生产率进行测度及分析，发现污染排放的减少导致了技术进步率的下降，而能够促进技术效率提高。张成等（2011）对 1998 ~2007 年中国 30 个省份的工业部门数据研究发现，东部和中部地区环境规制与生产技术进步率呈现"U"型关系，而西部地区没有统计意义上的"U"型关系。李静和沈伟（2012）采用 Malmquist – Luenberger 生产率指数方法测度了三种污染物排放的环境技术效率和全要素生产率增长，结果表明，在三种污染物中，只有对固体废物的规制满足波特假说"双赢"效果，且东西部地区对于环境规制效果的差异较为明显。杨骞和刘华军（2013）对环境规制下的技术效率、规制成本进行了研究，研究发现，环境规制下的技术效率要高于无环境规制下的技术效率，并且技术效率较高的地区，规制成本较低，中国东部地区应该采用较为严格的环境规制模式，而中西部地区则宜采用由松到紧的环境规制模式。王杰和刘斌（2014）以 1998 ~2011 年中国工业行业数据为样本，检验了环境规制对全要素生产率的影响，结果表明环境规制与工业企业全要素生产率之间符合倒"N"型关系，不同类型的行业所处的阶段存在显著差异。从上述文献综述可见，环境规制与全要素生产率的研究有必要进一步完善和拓展，得出更具可靠性的结论。

从国内外的研究来看，一方面，在测算工业行业全要素生产率时主要考虑市场性的好产出，忽略了环境污染等非市场性的坏产出。由于污染的治理是需要付出成本，在不考虑环境污染情况下会高估全要素生产率，使得研究结论存在偏差。借鉴渡边和田中（Watanabe & Tanaka，2007）、涂正革（2008）、吴军（2009）、杨俊和邵汉华（2009）等的做法，采用

Malmquist - Luenberger 生产率指数，测算考虑环境污染情况下的工业行业环境全要素生产率，使得全要素生产率的测算结果更真实地反映工业行业的效率状况。另一方面，对我国省际层面环境规制与全要素生产率的实证研究多数采用普通面板数据模型进行检验，忽视了截面间的相关性。由于地区之间的经济、空间集聚及污染扩散都有可能会造成空间相关性和异质性。因而，仅仅考虑地区自身影响因素的传统计量方法可能会导致分析区域问题时产生偏误（李斌和彭星，2013）。因此，本章采用 2001 ~ 2012 年间我国省际工业行业的面板数据，采用 Malmquist - Luenberger 生产率指数测算工业行业的环境全要素生产率，并应用空间计量分析方法，实证检验环境规制对全要素生产率影响，分析这种影响的区域差异性。

4.2 工业行业环境全要素生产率的测算

4.2.1 研究方法

全要素生产率的计算可以采用索洛残值法、随机生产前沿面法（SFA）、数据包络分析法（DEA）等。由于 DEA 方法不需要假设函数形式，可以对生产率进行分解等优点，被许多学者采用（胡鞍钢，2008；涂正革，2008；等等），但是径向或者角度 DEA 方法在存在超额投入或者无效产出时，会高估或者低估决策单元的效率。因此，需要采用改进的方法更准确地刻画分析决策单元的效率。

（1）环境技术集。根据法尔等人（Fare et al，2007）提出的环境技术函数，矩阵 $X=(x_{ij})\in R^{+}_{n\times m}$ 表示投入要素对应的向量，$Y^{g}=(y^{g}_{ij})\in R^{+}_{u\times m}$ 表示期望产出对应的向量，$Y^{b}=(y^{b}_{ij})\in R^{+}_{v\times m}$ 为非期望产出对应的向量。假设生产可能性集满足闭集和凸集、联合弱可处置性、零结合性及期望产出与投入的强可处置性，运用 DEA 方法，环境技术可以模型化为

$$P(x)=\{(x,y^{g},y^{b})\mid x\geqslant X\lambda,\ y^{b}=Y^{b}\lambda,\ \sum_{i=1}^{m}\lambda=1,\ \lambda\geqslant 0\} \tag{4-1}$$

其中，λ 表示横截面观察值的权重，若 $\sum_{i=1}^{m}\lambda=1$，则表示规模报酬可变（VRS），若 $\lambda\geqslant 0$，并且没有权重和为 1 的约束条件，则表示规模报酬变（CRS）。

（2）方向距离函数。为了能衡量期望产出增加和非期望产出减少时的效率情况，Shephard（1970）提出了方向性距离函数，定义为

$$\overrightarrow{D}_0=(x,\ y,\ b;\ g_y,\ -g_b)=\sup\{\beta:(y+\beta_{g_y},\ b-\beta_{g_b})\in p(x)\} \tag{4-2}$$

决策单元的投入、期望产出和非期望产出满足环境技术集的要求。β 为距离函数值，描述在产出水平上，按照方向 $g=g(g_y,\ -g_b)$ 运动到生产前沿面时，期望产出的提高和非期望铲除同比例降低的最大倍数。β 值越小，表示生产单元越接近生产前沿面，效率越高。式（4－2）可以转化为式（4－3）所示的线性规划问题：

$$\begin{aligned}
&\overrightarrow{D}_0^t(x_k^t,\ y_k^t,\ b_k^t;\ y_k^t,\ -b_k^t)=\max\beta\\
\text{s. t.}\quad &\sum_{k=1}^{K}\lambda_k^t y_{km}^t\geqslant(1+\beta)y_{km}^t,\ m=1,\ \cdots,\ M\\
&\sum_{k=1}^{K}\lambda_k^t b_{ki}^t\geqslant(1-\beta)b_{ki}^t,\ i=1,\ \cdots,\ I\\
&\sum_{k=1}^{K}\lambda_k^t x_{kn}^t\geqslant x_{kn}^t,\ n=1,\ \cdots,\ N\\
&\lambda_k^t\geqslant 0,\ k=1,\ \cdots,\ K
\end{aligned} \tag{4-3}$$

（3）ML 指数。对于全要素生产率的测算，传统的 Malmquist 指数只考虑了“好”的产出，而没有将环境污染排放考虑进来，即“坏”的产出，高估了实际生产率。钟等人（Chung et al，1995）在测度全要素生产率时引入了方向性距离函数，提出了 Malmquist－Luenberger 生产率指数（ML 指数），ML 指数可以刻画同时包含“好”的产出和“坏”的产出时全要素生产率的变化情况。

借助线性规划的方法，在不变规模报酬和可变规模报酬下求解方向性距离函数，可以得到第 t 期到第 $t+1$ 期的 ML 指数：

$$ML_t^{t+1}=\left[\frac{1+\overrightarrow{D}_0^t(x^t,\ y^t,\ b^t;\ g^t)}{1+\overrightarrow{D}_0^t(x^{t+1},\ y^{t+1},\ b^{t+1};\ g^{t+1})}\times\frac{\overrightarrow{D}_0^{t+1}(x^t,\ y^t,\ b^t;\ g^t)}{1+\overrightarrow{D}_0^{t+1}(x^{t+1},\ y^{t+1},\ b^{t+1};\ g^{t+1})}\right]^{1/2} \tag{4-4}$$

其中，$\overrightarrow{D}_0^t(x^t,\ y^t,\ b^t;\ g^t)$ 与 $\overrightarrow{D}_0^{t+1}(x^{t+1},\ y^{t+1},\ b^{t+1};\ g^{t+1})$ 分别为 t 期与 $t+1$ 期的距离函数；$\overrightarrow{D}_0^t(x^{t+1},\ y^{t+1},\ b^{t+1};\ g^{t+1})$ 为基于 t 期技术的 $t+1$ 期混合距离函数；$\overrightarrow{D}_0^{t+1}(x^t,\ y^t,\ b^t;\ g^t)$ 为基于 $t+1$ 期技术的 t 期混合距离函数。同时，ML 指数可以进一步分解为技术进步指数（TECH）和技术效率变化指数（EFFCH），技术效率变化指数又可以分解为纯技术

效率变化（PTEFFCH）和规模效率变化（SECH）。

$$ML_t^{t+1} = \underbrace{\left[\frac{1+\overrightarrow{D}_c^{t+1}(x^t, y^t, b^t; g^t)}{1+\overrightarrow{D}_c^{t}(x^t, y^t, b^t; g^t)} \times \frac{\overrightarrow{D}_c^{t+1}(x^{t+1}, y^{t+1}, b^{t+!}; g^{t+1})}{1+\overrightarrow{D}_c^{t}(x^{t+1}, y^{t+1}, b^{t+1}; g^{t+1})}\right]^{1/2}}_{TECH} \times$$

$$\underbrace{\frac{1+\overrightarrow{D}_v^{t}(x^t, y^t, b^t; g^t)}{1+\overrightarrow{D}_v^{t+1}(x^{t+1}, y^{t+1}, b^{t+1}; g^{t+1})}}_{PEFFCH} \times$$

$$\underbrace{\frac{[1+\overrightarrow{D}_c^{t}(x^t, y^t, b^t; g^t)]/[1+\overrightarrow{D}_v^{t}(x^t, y^t, b^t; g^t)]}{[1+\overrightarrow{D}_c^{t+1}(x^{t+1}, y^{t+1}, b^{t+1}; g^{t+1})]/[1+\overrightarrow{D}_v^{t+1}(x^{t+1}, y^{t+1}, b^{t+1}; g^{t+1})]}}_{SECH} \quad (4-5)$$

式（4－5）中 $\overrightarrow{D}_c$ 和 $\overrightarrow{D}_v$ 分别表示规模报酬不变（CRS）与规模报酬可变（VRS）的方向距离函数。

4.2.2　指标的选取和数据来源

本部分采用分地区的面板数据来进行考虑环境全要素生产率的计算，数据来源于《中国工业经济统计年鉴》《中国统计年鉴》和《中国人口和就业统计年鉴》和中经网统计数据库。鉴于数据的可得性和统计口径的变化，采用我国30个省级工业部门的数据（剔除西藏及港澳台地区）为研究样本，数据的时间区间为2001～2012年，共12年的面板数据。

为了计算环境全要素生产率ML指数，选取以下指标：

（1）劳动投入。选取的是各省区市规模以上工业企业年平均从业人员数来进行衡量，该数据来自历年《中国工业经济统计年鉴》。

（2）资本投入。借鉴单豪杰和师博（2008）对中国工业部门资本存量的计算方法，采用永续盘存法计算得到各省区市规模以上工业企业的资本存量作为资本投入。

（3）好的产出。选取各省市工业总产值作为每个地区的好的产出的代理变量。考虑到价格因素，采用各省区市的工业品出厂价格指数（PPI），以2000年为基期进行平减。各省区市工业总产值和工业品出厂价格指数来自历年的《中国工业经济统计年鉴》和《中国统计年鉴》。

（4）坏的产出。对坏的产出的选择不同学者的做法不同，涂正革（2008）选取了二氧化硫作为坏的产出；王兵等（2010）选取了二氧化硫和化学需氧量作为坏的产出指标；胡鞍钢等（2008）选取了废水、工业固体废弃物排放量、化学需氧量、二氧化硫和二氧化碳作为坏的产出。选取废水排放量和治理污染费用作为坏的产出指标。该数据来自历年《中国统计年鉴》。

4.2.3 环境全要素生产率的测算结果

根据ML生产率指数测算方法和选取的指标样本，运用GAMS软件计算我国30个省市工业行业的环境全要素生产率及分解。为了比较不同区域的差异，按照通常的做法，将全国划分为东部、中部和西部三大区域。东部地区包括北京、天津、河北、辽宁、上海、江苏、浙江、福建、山东、广东和海南等11个省市，中部地区包括山西、吉林、黑龙江、安徽、江西、河南、湖北和湖南等8个省市，西部地区包括内蒙古、广西、重庆、四川、贵州、云南、陕西、甘肃、青海、宁夏和新疆等11个省区市。这里仅给出2001~2012年各省市的环境全要素生产率平均值，结果如表4-1所示。

表4-1　　各省市工业行业的环境全要素生产率及其分解

地区		技术进步	技术效率	纯技术效率	规模效率	环境全要素生产率
东部地区	北京	1.025	1.127	0.999	1.025	1.155
	天津	1.000	1.088	1.085	1.000	1.088
	河北	1.006	1.081	0.698	1.006	1.087
	辽宁	1.003	1.057	0.909	1.003	1.061
	上海	1.000	1.024	0.961	1.000	1.024
	江苏	1.016	1.127	1.099	1.016	1.145
	浙江	1.003	1.099	0.630	1.003	1.102
	福建	1.000	1.066	0.612	1.000	1.066
	山东	1.020	1.074	0.848	1.020	1.095
	广东	1.000	1.117	0.754	1.000	1.117
	海南	1.000	0.957	0.799	1.000	0.957
	东部平均	1.007	1.074	0.854	1.007	1.082
中部地区	山西	0.966	0.997	0.867	0.966	0.963
	吉林	1.033	1.055	1.055	1.033	1.089
	安徽	1.028	1.025	1.047	1.028	1.054
	河南	1.015	1.017	1.066	1.015	1.032
	湖南	1.039	1.029	1.099	1.039	1.068
	黑龙江	0.997	1.029	0.988	0.997	1.026
	江西	1.016	1.053	0.824	1.016	1.070
	湖北	1.020	1.025	0.684	1.020	1.046
	中部平均	1.014	1.029	0.954	1.014	1.044

续表

地区		技术进步	技术效率	纯技术效率	规模效率	环境全要素生产率
西部地区	内蒙古	1.016	1.049	0.661	1.016	1.066
	广西	0.990	1.001	0.653	0.990	0.991
	重庆	1.009	0.979	0.866	1.009	0.988
	四川	1.003	1.037	0.804	1.003	1.040
	贵州	0.984	0.974	0.636	0.984	0.959
	云南	0.970	1.064	0.667	0.970	1.032
	陕西	0.944	1.050	0.560	0.944	0.991
	甘肃	0.981	1.024	1.020	0.981	1.004
	青海	1.000	1.153	1.044	1.000	1.009
	宁夏	0.997	0.897	0.837	0.997	0.895
	新疆	1.037	0.973	1.000	1.037	1.009
	西部平均	0.994	1.018	0.795	0.994	0.999
全国平均		1.004	1.003	0.859	1.004	1.007

从表4－1可以看出，考虑污染排放约束时，2001～2012年全国工业行业平均的全要素生产率增幅为0.7%；其中技术进步指数的平均增幅为0.4%，技术效率指数平均提高0.3%，纯技术效率平均下降1.41%，规模效率平均提高0.4%，技术进步和规模效率的提高是环境全要素生产率提高的原因。从三大区域对比来看，在环境全要素生产率的绝对水平上，东部地区明显领先为1.082，中部地区居中为1.044，而西部地区的生产率则略有下降，为0.999。从环境全要素生产率的分解来看，东中部地区的技术进步、技术效率和规模效率都大于1，表明这三个分解变量对于环境全要素增长率有着正向的影响，而纯技术效率则对环境全要素生产率产生负面的影响，中部地区的规模效率和纯技术效率高于东部地区。西部地区的各项指标都要落后于东部地区和中部地区。这与涂正革（2008）、王兵等（2010）、胡鞍钢等（2008）的研究结论一致，西部地区的环境保护与工业增长处于失衡状态，而东部沿海发达地区的工业发展与环境关系较为和谐。由于西部地区在人才、资金等方面相对缺乏，导致环境技术创新的投资水平低下，研发能力不足，污染治理的技术水平不高，高污染行业的技术改造力度不够，工业化进程的不可持续性十分突出。而东部地区具有区位条件、经济发展水平、人才资金的优势，环境技术的研发能力较强，促使了工业行业的转型升级，同时，通过产业转移，落后和高污染产能的淘汰，使得东部地区工业行业的环境全要素生产率的增长处于领先地位，相对于中西部地区，呈现较好的产业发展与环境协调的可持续态势。

从具体的省份来看，广西、海南、山西、重庆、贵州、陕西、宁夏等7个省份工业行业的环境全要素生产率变动低于1，大部分为西部地区的省份，环境全要素生产率下降的原因主要是由于技术效率的下降引起的，存在资源配置、管理不善等问题；而其余23个省份的环境全要素生产率均大于1，北京、江苏和广东位居前三位，分别增长15.5%、14.5%和11.7%，全要素生产率的增长主要是由技术进步和规模效应推动的。

4.3 环境规制对全要素生产率影响的空间计量分析

4.3.1 空间计量模型

根据安瑟兰（Anselin，1988）的研究，基于不同的空间因素引入方式可以将空间计量模型分为空间自回归模型（spatial autoregressive model，SAR）（也称空间滞后模型）和空间误差模型（spatial error model，SEM）。本章选用基于面板数据建立的综合考虑变量时间和空间二维关系的空间计量面板数据模型，空间面板模型可以分为空间滞后自回归面板数据模型和空间误差面板数据模型。

为了更好地研究环境规制及其他因素在空间上对全要素生产率的影响程度，利用空间计量模型的基本原理，我们建立空间面板模型研究变量的空间相关性及其影响因素。选择各省市工业行业的全要素生产率（*TFP*）为被解释变量，环境规制（*ERI*）为解释变量，为了检验环境规制与全要素生产率之间是否存在非线性关系，我们将环境规制的平方项纳入模型，以考察环境规制的非线性影响。由于影响全要素生产率的因素很多，需要在模型中加以控制，在考虑到其他控制变量的基础上，建立的空间自回归面板模型和空间误差面板模型如式（4-6）和式（4-7）所示。

空间自回归面板数据模型：

$$TFP_{it} = \alpha_0 + \rho \mathbf{W} TFP_{it} + \alpha_1 ERI_{it} + \alpha_2 ERI_{it}^2 + \mathbf{X\beta} + \eta_i + \varepsilon_{it} \qquad (4-6)$$

空间误差面板数据模型：

$$TFP_{it} = \alpha_0 + \alpha_1 ERI_{it} + \alpha_2 ERI_{it}^2 + \mathbf{X\beta} + \eta_i + v_{it}$$
$$v_{it} = \lambda \mathbf{W} v_{it} + \varepsilon_{it} \qquad (4-7)$$

其中，下标 i 表示省份，t 表示时间，ρ 表示空间回归系数，λ 用以衡量样本观测值的误差项引进的一个区域间溢出成分，$\mathbf{X}$ 是 $NT \times k$ 维控制变量，$\mathbf{W}$ 是 $N \times N$ 维空间权矩阵，η_i 是地区个体效应，$\boldsymbol{\varepsilon}$ 是满足经典假设的误差扰动项。

为了消除异方差性，非比例变量取对数，得到实证模型为：

空间滞后自回归面板数据模型：

$$TFP_{it} = \alpha_0 + \rho \mathbf{W} TFP_{it} + \alpha_1 ERI_{it} + \alpha_2 ERI_{it}^2 + \beta_1 \ln K/L_{it} + \beta_2 \ln Rgdp_{it} + \beta_3 \ln Scal_{it} + \beta_4 Nat_{it} + \beta_5 FIR_{it} + \eta_i + \varepsilon_{it} \quad (4-8)$$

空间误差面板数据模型：

$$TFP_{it} = \alpha_0 + \alpha_1 ERI_{it} + \alpha_2 ERI_{it}^2 + \beta_1 \ln K/L_{it} + \beta_2 \ln Rgdp_{it} + \beta_3 \ln Scal_{it} + \beta_4 Nat_{it} + \beta_5 FIR_{it} + \eta_i + v_{it},$$

$$v_{it} = \lambda \mathbf{W} v_{it} + \varepsilon_{it} \quad (4-9)$$

在模型（4－8）和模型（4－9）中，TFP 表示全要素生产率，ERI 表示环境规制，K/L 表示资本劳动投入比，$Rgdp$ 表示人均 GDP，$Scal$ 表示规模，Nat 表示所有制结构，FIR 表示外资结构。

4.3.2 指标变量和数据来源

（1）全要素生产率（TFP）。被解释变量全要素生产率为采用 ML 生产率指数测算出的各省市工业行业的环境全要素生产率。

（2）环境规制强度（ERI）。环境规制强度的度量有多种方法，考虑到行业数据的可获得性，这里从治污设施运行费用角度来度量各省际的环境规制强度。具体的指标计算，借鉴沈能（2012）的做法，采用各省污染治理运行费用占工业产值的比重（ERI）作为环境规制的代理变量。由于《中国环境统计年报》中各省市的工业固体废物治理运行费用数据并未统计，因而污染治理运行总费用包括各省市的工业废水和废气的治理运行费用。

（3）资本劳动投入比（K/L）。资本投入对于生产率有着不可替代的作用，资本投入越多，能够形成的新的生产能力就越高，生产率也会相应地受到影响，而人均占有资本对于解释环境全要素生产率是非常重要的，因此选取资本劳动投入比作为控制变量。资本和劳动指标的选取与第二部分环境全要素生产率测算中相同。

（4）地区经济发展水平（$Rgdp$）。地区的经济发展水平在一定程度上代表了区位环境、资源要素、竞争程度等比较优势水平，会影响地区内的企业生产率水平。由于我国不同地区经济发展水平差距较大，必然会使得各地区的工业企业的生产率水平存在差异。选取人均 GDP 作为各地区经济发展水平的代理变量。

（5）企业规模（$Scal$）。规模不同的企业的生产率可能会存在差异，然而这种影响的方向和程度尚存争议。因为企业规模越大，资金和人员资本越雄厚，导致其技术创新更具优势，然而大企业由于具有垄断地位，相对于中小企业而言，管理协调更难，灵活性差，提升企业的成本，进而影响技术创新的积极性和企业生产率。采用各地区的工业企业总产值来代理企业规模。

（6）所有制结构（*Nat*）。国有企业与非国有企业产权不同，所面临的优势和约束也不尽相同，国有企业具有资源优势，但是往往管理效率、创新动力不如非国有企业，因而生产率水平也存在差异。考虑到数据的可获得性，使用规模以上国有及国有控股工业企业资产总计占规模以上工业企业资产总计的比重来衡量。

（7）外资结构（*FIR*）。外资是技术引进的一个重要途径，外资企业通过与内资企业的研发合作、人员流动等产生技术溢出效应，促进内资企业生产率的提升，但是外资企业进入同时也会带来较强竞争，对内资企业的产生挤出效应，进而影响内资企业的生产率提升。采用各地区规模以上外商及港澳台商投资工业企业销售额占比进行衡量。

本章以我国省际工业行业为研究对象，样本数据来源于《中国工业经济统计年鉴》《中国环境统计年报》《中国统计年鉴》和中经网统计数据库（2002～2013年）。样本数据为2001～2012年中国30个省份的工业行业面板数据（由于西藏缺失数据较多，将西藏从样本中剔除）。为了检验不同区域环境规制对工业行业环境全要素生产率的影响差异，按照第二部分的做法，将30个省区市划分为东部、中部和西部三个组分别检验。另外，为了消除价格变化带来的误差，人均GDP和工业企业总产值均以各省市的工业生产者出厂价格指数进行平减（2000年为基期）。我们所选取的指标变量的描述性统计结果如表4－2所示。

表4－2　　　　变量的描述性统计

变量	个数	均值	标准差	最小值	最大值
TFP	360	1.057	0.218	0	2.104
ERI	360	0.351	0.207	0.0826	1.662
ln*K/L*	360	11.050	0.765	9.3810	12.830
ln*Rgdp*	360	4.172	0.307	3.4680	4.960
ln*Scal*	360	8.961	5.008	2.1910	31.750
NatI	360	0.591	0.190	0.1400	0.944
FIR	360	0.201	0.173	0.0124	0.658

4.3.3 空间相关性检验

进行空间计量分析首先需要判断模型的适用性，即采用空间滞后模型（SAR）或者空间误差模型（SEM）更合适。空间计量模型的设定通常采用拉格朗日乘子的 LM 检验法，需要建立空间权矩阵，采用最广泛的 Rook 邻接定义的空间权矩阵，即若两个地区有公共边界，空间权矩阵中的元素设为 1，否则为 0，并将空间权矩阵标准化。这样定义的空间权矩阵符合这样一种经济现象：地理位置相隔较近的地区关系比相隔较远的密切，从而相隔较近的影响程度也更加强烈，相反，地理分布距离较远的，地理上的阻隔现象较为严重，从而导致相互间的影响不那么显著或没有影响。表 4－3 为 LM 空间相关性检验结果。

表 4－3 空间相关性检验结果

检验	全国	东部地区	中部地区	西部地区
LM（lag）	150.967 (0.000)	88.862 (0.000)	23.74 (0.000)	52.512 (0.000)
Robust LM（lag）	0.095 (0.007)	4.493 (0.004)	146.533 (0.000)	62.982 (0.000)
LM（error）	153.432 (0.000)	91.854 (0.000)	19.799 (0.000)	48.243 (0.000)
Robust LM（error）	2.560 (0.010)	7.485 (0.006)	142.587 (0.000)	58.714 (0.000)

说明：括号内为对应的 P 值。

从表 4－3 的 LM 检验及其稳健性检验可以看出，就全国、东部地区和中部地区而言，LM（lag）比 LM（error）更加显著，且 Robust LM（lag）的显著性水平更高。根据安瑟兰和弗劳拉克斯（Anselin & Florax，1995）提出的判别准则可知，选择空间误差面板模型更为适合。因此，我们选择空间滞后面板模型来分析环境规制对全要素生产率的区域差异。

4.3.4 实证检验结果

空间计量模型的估计仍然需要考虑固定效应和随机效应的选择，Hausman 检验结果表明，采用固定效应模型全国及东部、中部、西部三部分数据进行估计。估计结果如表 4－4 所示。

表 4-4 环境规制与全要素生产率的空间滞后面板模型估计结果

变量	全国	东部	中部	西部
ERI	-0.395** (2.136)	-0.729*** (3.986)	-0.432** (2.350)	-0.838** (2.457)
ERI^2	0.304** (2.359)	0.467*** (3.996)	0.385* (1.885)	0.486*** (2.777)
ln*K/L*	0.033* (1.919)	0.178** (2.349)	0.089** (1.994)	0.432** (2.579)
ln*Rgdp*	0.142** (2.270)	0.258** (1.974)	0.198** (1.987)	0.008** (1.975)
ln*Scal*	0.003** (2.064)	0.009** (2.189)	0.012** (2.205)	0.016** (2.205)
NatI	-0.064* (1.926)	-0.243* (1.773)	-0.185** (1.992)	-1.173** (2.102)
FIR	-0.217 (1.610)	-0.248 (1.654)	-0.069 (0.129)	0.039 (0.176)
ρ	0.236** (2.312)	0.236* (1.924)	0.139** (2.196)	0.236** (2.132)
R^2	0.235	0.2853	0.213	0.181

注：括号内为对应的 *T* 值，*** 、** 和 * 分别表示在 1% 、5% 和 10% 的水平下显著。

如表 4-4 所示，全国和三个地区的空间回归系数 ρ 均在 5% 或 10% 的水平下显著为正，表明全国和东部、中部、西部三个地区的空间滞后性的显著存在。全国的空间回归系数 ρ 为 0.236，说明就全国而言，地理空间因素在各省区市的工业行业全要素生产率与环境规制的作用关系发挥显著性的作用，因此需要使用空间计量模型来估计环境规制对全要素生产率的影响。

从模型的实证检验结果来看，全国与东部、中部、西部地区的环境规制变量的一次项系数的估计结果显著为负，而二次项系数的估计结果显著为正，说明环境规制和工业行业全要素生产率之间的影响关系呈现“U”型，即随着环境规制的由弱变强，对工业行业的全要素生产率呈现先降低，到达拐点以后又提高的趋势。分析其原因，当政府的环境规制较弱时，企业会投入资金用于污染治理，或者购买先进生产设备和工艺来减少污染排放，治污投入对企业用于产品生产的技术创新投资产生挤出效应，或者说环境规制所带来的“遵循成本”小于“创新补偿”效应，企业缺乏采用绿色新技术和环境技术创新积极性，导致生产率下降，另外地方政府出台的环保政策措施短期内影响企业效益，进而使地方经济总体增长受到影响，地方政府有时会放松对企业的环境规制力度，放松减排要求，在这种情况企业的环境全要素生产率很难提高。随着环境规制强度不断加大，环境规制挤出效应不断扩大，导致企业技术创新能力下降。但是，到达“U”型拐点以后，环境规制强度再加大，会导致行业中部分企业难以达标而退出，被规制行业的企业数量趋于降低，市场集中度相对提高，存留下来的具有市场竞争力的优势企业往往更重视技术创新（张成等，2011）。同时，由于治污成本过高，企业生产成本增加，污染治理支出边际效应递减，生产过程和工艺的改进、清洁技术研发开始受到企业重视，持续的研发投入和清洁技术创新给被规制企业带来长期的“创新补偿”效应，会激发企业主动技术创新的动力，加大研发力度，通过技术创新减少污染排放，降低环境规制的成本，达到环境规制的标准和要求。另外，企业通过技术创新，也可形成一定的技术壁垒或者通过专利转让等获得竞争优势。因此，环境规制又会激励企业的技术创新，促进企业减少污染排放，提升环境全要素生产率。从三个地区来看，东部、中部和西部地区的“U”型曲线拐点分别大约在0.650、0.781和0.862，说明随着环境规制强度的提高，东部地区要早于中部、西部地区突破拐点，促进环境全要素生产率的提升。“U”型曲线的切线表示该地区的全要素生产率对环境规制变动的反应程度，我们定义为环境规制的边际生产率，从切线斜率比较来看，在突破拐点以后，东部地区的全要素生产率上升更快，说明东部地区工业行业的全要素生产率对环境规制变动的反应要比中部、西部地区对其的反应更为迅速。究其原因，可能是因为相比于中部、西部地区，东部地区经济发达、市场化水平较高，市场竞争压力促使企业不断进技术创新，而且东部地区具有区位优势和人才发展空间广阔，对优秀人才具有吸引力，从而提高了东部的人力资本水平。同时，东部地区具有经济发达，具有资金优势，技术基础较好，外资发达，为工业企业的技术创新和改造提供了保障，有利于全要素生产率的提升，而中部、西部地区受制于资源、经济和区位条件的制约，对国内外先进技术的吸引力不足，地区企业的技术研发能力不足，故中部、西部地区工业行业的全要素生产率对环境规制的反应相对缓慢。

从控制变量的估计结果来看，全国和各区域模型的估计结果和显著性存在差异。资本劳动投入比在各个模型中的估计结果均显著为正，表明资本劳动投入比越高，即资本密集程度越高，越有利于工业行业全要素生产率的提升。地区发展水平在全国和地区样本中显著为正，说明地区的经济发展水平提高有助于促进工业行业的全要素生产率的提升。企业规模显著地与工业行业的全要素生产率正相关，表明适当增大企业规模有利于促进研发投入的增加，进而促进工业行业的全要素生产率的提升。所有制结构对工业行业的全要素生产率具有显著负向影响，较高的国有占比都不利于工业行业的全要素生产率，这可能是因为国有企业产权模糊和经营机制僵化，对市场的依赖不高，管理不善和创新激励不足，导致技术创新能力不高，影响生产率的提升。外资结构变量的估计结果在四个模型中都不显著，这可能与刻画外贸结构变量的指标选取有关。

4.4 本章小结

本章利用2001～2012年我国省际（西藏除外）工业行业的面板数据，采用Malmquist－Luenberger生产率指数测算了我国省际工业行业的环境全要素生产率，并应用空间计量分析方法，在控制了资本劳动投入比、地区经济发展水平、企业规模、所有制结构、外资结构等变量影响的基础上，实证检验了环境规制与全要素生产率的关系。实证结果表明：东部、中部和西部三大区域环境规制强度和工业行业的全要素生产率之间呈现“U”型关系。随着环境规制强度的由弱变强，全要素生产率先降后升，而且东部地区要早于中部、西部地区达到拐点。在达到拐点以后，东部地区的全要素生产率对环境规制变动的反应要比中部、西部地区更为迅速，东部地区的边际全要素生产率更高。

研究结论具有以下政策含义：第一，政府部门应适度提高环境规制强度，设定一个较为合理的环境规制强度水平，以刺激工业企业进行技术创新，尽快突破“U”曲线拐点；同时，应综合运用各种规制工具，充分发挥不同规制工具之间的相合效应，根据政策工具效果和实用性，动态调整规制工具的种类。政府还需要协调技术政策与环境规制政策，实现环境规制政策的执行力度、类别与技术政策的互补，发挥技术政策对环境规制政策的补充作用。第二，根据地区特点制定差异化的环境规制政策和创新激励措施，东部地区的市场化程度高，在制定环境规制政策时，应重点考虑市场化导向的激励措施，如排污权交易、补贴机制等，激励工业行业的技术创新，减少污染排放的同时，通过交易排污权获得利益。而中部、西部地区应适当降低其环境规制水平，降低环境规制的“遵循成本”，逐步改善投资环境，加大科技投入力度，引进先进管理经验和技术，以各种形式培养和吸引人才，为工业行业的技术创新创造良好的基础条件。同时，还要考虑环境承载力，进行区域间合理有序的产业转移，促进环境与经济的协调。政府在降低环境规制水平的过程中，应给予环境技术创新企业以补贴或减免税收政策，激励工业行业加强环境技术创新，降低污染排放，加强环境保护，促进经济可持续发展。

第5章 技术创新视角下的环境规制与经济可持续发展

5.1 引　　言

改革开放30多年以来，我国经济实现了高速增长，年均GDP增长率在9%以上，在经济增长的同时，我国的工业化和城市化进程也在不断加速。由此所引发的高能耗、高污染、自然资源和环境破坏等问题日益明显，根据2012年世界银行统计数据显示，中国由于空气和水污染所造成的直接经济损失相当于GDP的8%。我国为粗放的经济发展方式和快速推进的工业化和城市化付出了较为沉重的环境代价，根据哥伦比亚大学和耶鲁大学的科学家发布的世界环境绩效排名（environmental performance index，EPI），2010年我国的EPI得分为49分，排在世界164个国家和地区的第121位。虽然，环境问题日益严峻，但是我国政府又不能放弃经济增长的目标，因为我国的现代化还没有完成，居民的社会福利水平比较低，工业化和城市化的目标尚未实现。由于环境的"公共产品"属性和污染的负外部性，市场化不能解决环境污染问题，因此，政府的环境规制是解决环境问题"市场失灵"重要手段。但是，环境规制通过限制污染排放会对工业行业的产业绩效带来负面影响。从静态角度来说，环境规制与产业发展存在此消彼长的关系，那么什么机制能够很好地协调这对矛盾体呢？技术创新能够扮演这一角色，根据波特等人（Porter et al，1991，1995）提出的"波特假说"，合理的环境规制可以激发被规制企业优化资源配置和改进技术水平，产生创新补偿效应，抵消环境规制带来的遵循成本，实现产业绩效和环境绩效的双赢状态。从我国工业行业的实际来看，环境规制与技术创新的关系是否符合"波特假说"需要进一步检验。

现有文献对环境规制和技术创新主要有三种观点：一是环境规制阻碍

技术创新，克罗珀和奥兹（Cropper & Oates，1992）认为在企业的资源配置、消费需求和技术给定的情况下，额外的环境规制只能增加企业的成本，降低企业的技术创新能力。克里斯坦森和哈夫曼（Christainsen & Haveman，1981）对美国制造业的研究，发现较为严格的环境规制是制造业劳动生产率的增长速度下降的原因。格雷和萨德贝金（Gray & Shadbegian，1995）利用美国1979～1990年的数据，研究表明实施环境规制能提高环境绩效，但并未给企业带来足以弥补遵循成本的收益。切萨罗尼和阿杜尼（Cesaroni & Arduini，2001）对欧洲化学工业企业的研究认为在较高的环境规制标准下，企业缺乏技术创新的动力。瓦格纳（Wagner，2007）以德国制造业企业为例，对环境管理、环境创新和专利申请的关系进行实证研究表明环境管理体制的实施水平和一个公司总体的专利申请活动呈现负相关关系。解垩（2008）利用DEA方法测度了1998～2004年中国各省区市工业的生产率指数、技术进步和技术效率，发现排放减少造成技术进步下降，但提高了技术效率，增加治污投资对技术进步的推进作用并不显著，且对技术效率有负向影响。二是环境规制促进技术创新，波特等人（Porter et al，1991，1995）认为设计恰当的环境政策将会促使企业创新和新技术的应用，从而提高生产效率。兰尤和莫迪（Lanjouw & Mody，1996）对美、日、德三国的环境规制与创新活动或技术扩散之间关系进行研究，发现环保专利数量对污染治理支出的影响为正，同时本国的技术创新活动对其他国家的环境规制措施会产生正向效应。杰斐和帕尔默（Jaffe & Palmer，1997）采用1975～1991年美国制造业数据样本，研究发现污染治理支出对R&D投入呈显著正向影响，但污染治理支出与专利申请数量之间的关系不显著。布伦纳迈尔和科恩（Brunnermeier & Cohen，2003）对美国146个制造业的分析表明，成功的环保专利申请数量与环境规制存在着正向关系。普勒（Puller，2006）认为在寡头垄断市场上，企业为了增强自身竞争实力、增大对手的成本，会倾向于通过创新来提高环境规制的标准。滨本（Hamamoto，2006）对日本制造业进行研究，认为环境规制对技术创新具有正向影响。黄德春和刘志彪（2006）发现环境规制会增加企业直接成本，但同时也会激发技术创新，可以部分或全部地抵消费用成本。有村等人（Arimura et al，2007）使用7个OECD国家2003年的环保政策、环保研发支出、环保绩效和商业绩效方面的数据研究发现，环境规制与环保研发投入之间存在显著的正向关系。霍尔巴赫（Horbach，2008）使用德国企业的微观数据研究表明环境规制、环境管理工具与组织的变革及改善对环保创新都有明显的促进作用。白雪洁和宋莹（2009）研究发现环境规制促进了我国火电行业整体效率的提升，从全国来看，环境规制对火电行业的技术创新具有正向影响，但对各地的影响存在差异。王国印和王动（2011）对我国中东部地区环境规制与技术创新间的关系进行研究，发现环境规制对技术创新均起到推动作用。李玲和陶锋（2012）用DEA方法计算了2005~2009年我国30个省区市工业行业的技术及其分解项技术变化和技术效率，结果发现我国30个省区市工业行业环境规制促进了技术进步。李阳等（2014）采用2004~2011年我国工业行业的面板数据样本，研究发现环境规制对技术创新具有显著的促进效应，但这种效应的行业异质性显著。三是环境规制与技术创新之间的关系不确定。杰斐等人（Jaffe et al，1995）认为，只有较少的证据支持“波特假说”，也只有很少的证据反对环境规制会促进技术创新的假设，多数是处于二者之间。他们认为波特“双赢”观点是通过大量案例分析来证明的，缺乏普遍性。帕尔默等人（Palmer et al，1995）认为在战略行为的标准模型之外“波特假设”不成立。康拉德和瓦斯特（Conrad & Wast，1995）对德国的10个重度污染产业进行研究，发现环境规制不会对所有产业的全要素生产率都产生抑制作用，或都产生促进作用，而是有些促进有些抑制。拉诺伊等人（Lanoie et al，2008）对加拿大魁北克地区制造业进行研究，结果表明环境规制对产业生产率的影响是变化的，存在长短期差异，长期两者为正相关关系，短期两者为负相关关系。王璐等（2009）认为环境规制对企业技术创新既是驱动力又是阻力。江珂和卢现祥（2011）研究发现在一定的人力资本条件下环境规制才能对技术创新产生促进作用，在东部和中部地区这种促进显著，但在西部地区的影响不显著。沈能和刘凤朝（2012）认为环境规制对技术创新的促进作用具有明显的区域差异性，在中西部地区“波特假说”没有得到验证，而在东部地区则得到了很好的支持。江珂和滕玉华（2014）基于我国20个污染密集型行业的面板数据样本，研究发现环境规制对技术创新的影响存在行业异质性，对重度污染行业的技术创新促进作用明显，但对中度和轻度污染行业的技术创新的作用不显著。

从国内外的研究来看，环境规制与技术创新的关系没有得到一致的结论，需要在理论和经验方面进一步证实。因此，本章构建了环境规制对技术创新影响的理论模型，证明了环境规制与技术创新之间的关系。然后以我国工业行业为例，从行业视角和区域视角两个方面实证检验环境规制与技术创新之间的关系，并对理论模型进行验证。

5.2 环境规制对技术创新作用的理论模型

环境规制是政府对环境污染的负外部性所采取的政策措施，以此来调节企业的经济活动，使其污染排放处于生态系统的可承载范围内。环境规制对工业技术创新的作用体现在资源配置扭曲效应和技术效应两方面，资源配置扭曲效应是指工业行业通过增加生产要素投入获取经济产出以抵消环境规制成本的上升，最终导致污染排放增加的效应，其直观表现为生产要素投入的增加挤占技术研发资本投入，企业环境技术的主动调整意愿较低，工业行业的研发动力不足，导致技术创新能力下降；而技术效应是指工业行业通过环境技术研发投入的增加来降低单位产出的污染排放量以规避环境规制成本的提升，最终实现降低污染排放的效应，其直观表现为较高环境税率，加重了对工业行业污染排放的惩罚，企业环境技术的主动调整意愿较高，工业行业技术创新水平的上升。本章采用动态一般均衡理论来分析这一作用机理。

5.2.1 模型构建及求解

1. 工业行业的生产活动

工业行业生产过程中需要投入资本、劳动和环境资源，同时会产生污染排放。本书所指的环境资源不仅包括化石能源，也包括土地、水、空气等自然资源，但自然资源不能直接投入生产，需要能源行业的再加工。环境技术由环境技术调整意愿和环境技术研发投入共同决定。受机器设备重置成本限制，工业行业的环境技术调整意愿与环境规制强度之间呈现“U”型关系（Porter & Linde，1995；张成等，2011）。因此，工业行业的生产函数表示如下：

$$Y_t = \Phi_{1t} A_{1t} K_{1t}^{\alpha_1} L_{1t}^{\beta_1} E_{1t}^{\gamma_1} \tag{5-1}$$

$$\Phi_{1t} = \Phi(\phi_t,\ K_{rd,t}) = (\phi_t - \phi_1)^2 \rho_3 K_{rd,t}^{\rho_4} + \Phi_{10} \tag{5-2}$$

其中，Φ_{1t}和A_{1t}分别表示工业行业的环境技术水平和全要素生产率，K_{1t}、L_{1t}、E_{1t}分别表示工业行业在生产过程中使用的资本、劳动和环境资源。Φ_{10}是工业行业的初始环境技术水平，$K_{rd,t}$是工业行业的环境技术研发投入，ϕ_t是环境规制强度，ϕ_1是工业行业的环境技术调整意愿“U”型拐点处对应的环境规制水平，$(\phi_t - \phi_1)^2$代表环境技术的调整意愿，当环境规制强度ϕ_t小于ϕ_1时，环境技术的调整意愿与环境规制呈负相关关系；当环境规制强度 ϕ_t 大于 ϕ_1 时，环境技术的调整意愿与环境规制强度呈正相关关系。

工业行业在环境资源使用过程中产生污染排放，其污染排放方程表示如下：

$$EM_t = \Psi(\Phi_{1t},\ E_{1,t}) = \frac{\rho_1 E_{1,t}^{\rho_2}}{\Phi_{1t}} \tag{5-3}$$

其中，$\Psi'_{\Phi}(\Phi_{1t},\ E_t)<0$ 表示环境技术水平越高，在相同环境资源下行业的污染排放量越低；$\Psi'_{E}(\Phi_{1t},\ E_t)>0$ 表示环境资源使用越多，在相同环境技术下行业的污染排放量越高。

政府会对污染排放征收环境税，当环境规制强度高时，企业所需承担的税收成本也越高。工业行业需权衡增加环境资源消耗带来税费成本的增量与减少环境资源消耗带来税费成本的减量。为了促进环境规制的技术创新效应，政府会对环境技术的研发投入进行补贴。因此，工业行业的利润函数表示如下：

$$\prod\nolimits_{1t} = P_t Y_t - r_{1t}K_{1t} - w_t L_{1t} - P_t^e E_{1t} - \tau(\phi_t) EM_t - (r_{rd,t} - v_0) K_{rd,t} \tag{5-4}$$

其中，$\tau(\phi_t) = \tau + \kappa_0 \phi_t^{\kappa_1}(\kappa_0>0,\ 0<\kappa_1<1)$ 表示污染排放的环境税率与环境规制强度正相关，环境规制强度越高，企业所需承担的税收成本也越高。

通过对工业行业利润最大化问题的求解可以得出以下一阶条件：

$$\alpha_1 P_t \Phi_{1t} A_{1t} K_{1t}^{\alpha_1 - 1} L_{1t}^{\beta_1} E_{1t}^{\gamma_1} = r_{1t} \tag{5-5}$$

$$\beta_1 P_t \Phi_{1t} A_{1t} K_{1t}^{\alpha_1} L_{1t}^{\beta_1 - 1} E_{1t}^{\gamma_1} = \omega_t \tag{5-6}$$

$$\gamma_1 P_t \Phi_{1t} A_{1t} K_{1t}^{\alpha_1} L_{1t}^{\beta_1} E_{1t}^{\gamma_1 - 1} - P_t^e - \tau(\phi)\frac{\rho_1 \rho_2 E_{1,t}^{\rho_2 - 1}}{\Phi_{1t}} = 0 \tag{5-7}$$

$$P_t(\phi_t - \phi_0)^2 \rho_3 \rho_4 K_{rd,t}^{\rho_4 - 1} A_{1t} K_{1t}^{\alpha_1} L_{1t}^{\beta_1} E_{1t}^{\gamma_1} + \tau(\phi)\frac{\rho_1 E_{1,t}^{\rho_2}}{\Phi_{1t}^2}(\phi_t - \phi_0)^2 \rho_3 \rho_4 K_{rd,t}^{\rho_4 - 1} - (r_{rd,t} - v_0) = 0 \tag{5-8}$$

式（5－5）和式（5－6）分别表示工业行业资本、劳动的使用价格等于其边际产出，式（5－7）表示工业行业使用环境资源的边际产出等于环境资源的使用价格与增加环境资源消耗带来的环境污染增量对应的税收惩罚成本之和。式（8）表示工业行业的环境技术研发投入资本使用价格等于工业行业的环境技术创新带来的产出边际增量、环境技术创新带来的污染排放下降对应的税费惩罚成本的减少和政府对工业行业的环境技术研发投入补贴之和。

2. 环境资源行业的生产活动

工业行业所消耗的环境资源是在市场机制下购买的，环境资源的生产需要投入资本和劳动，环境资源的生产函数表示如下：

$$E_t = A_{2t} K_{2t}^{\alpha_2} L_{2t}^{1-\alpha_2} \tag{5-9}$$

环境资源行业的利润函数可表示为

$$\prod_{2t} = P_t^e E_t - r_{2t} K_{2t} - w_t L_{2t} \tag{5-10}$$

通过对环境资源行业利润最大化问题的求解可以得出以下一阶条件。

$$\alpha_2 P_t^e A_{2t} K_{2t}^{\alpha_2 - 1} L_{2t}^{1-\alpha_2} = r_{2t} \tag{5-11}$$

$$(1-\alpha_2) P_t^e A_{2t} K_{2t}^{\alpha_2} L_{2t}^{-\alpha_2} = \omega_t \tag{5-12}$$

式（5－11）和式（5－12）分别表示能源企业资本、劳动的使用价格等于其边际产出。

3. 公众的消费活动

公众在消费和储蓄之间进行选择以实现效用最大化，公众的目标函数可表示如下：

$$max \sum_{t=0}^{\infty} \beta^t \frac{C_t^{1-\sigma}}{1-\sigma} \tag{5-13}$$

其中，β 表示贴现率，σ 表示公众针对工业产品的跨期替代弹性。公众的预算约束方程表示如下：

$$P_t C_t + P_t S_t + P_t G_t \leq r_{1t} K_{1t} + r_{rd,t} K_{rd,t} + r_{2t} K_{2t} + w_t L_t + T \tag{5-14}$$

其中，S_t 表示公众对于工业产品的储蓄量，G_t 表示政府对工业产品的购买量，T 表示政府对公众的转移支付。

通过对公众效用最大化问题求解可求得以下一阶条件。

$$C_t^{-\sigma} = \lambda_t P_t \tag{5-15}$$

$$\beta\lambda_{t+1} r_{1t+1} - \lambda_t P_t + \beta\lambda_{t+1} P_{t+1} (1-\delta_1) = 0 \tag{5-16}$$

$$\beta\lambda_{t+1} r_{rd,t+1} - \lambda_t P_t + \beta\lambda_{t+1} P_{t+1} (1-\delta_{rd}) = 0 \tag{5-17}$$

$$\beta\lambda_{t+1} r_{2t+1} - \lambda_t P_t + \beta\lambda_{t+1} P_{t+1} (1-\delta_2) = 0 \tag{5-18}$$

式（5－15）表示消费者对工业产品消费的边际效用等于消费者进行投资带来的边际收益，即跨期替代方程；式（5－16）~式（5－18）是欧拉方程，表示消费者在当期投资的收益等于下一期投资收益的贴现值。

4. 政府的预算约束方程

为激发企业环境技术研发行为，政府将部分环境税收收入用于补贴工业企业的环境技术研发投入。因此，政府预算约束方程为

$$\tau(\phi_t) EM_t = \nu_0 K_{rd,t} + T \tag{5-19}$$

5. 模型求解

结合资本形成方程、政府预算约束方程和市场出清条件，可对上述理论模型进行求解。本模型需要解决有限资源在 K_{1t}、$K_{rd,t}$、L_{1t}、E_{1t}、K_{2t} 和 L_{2t} 之间的合理配置问题，以实现企业利润以及代表性家庭的终生效用的最优化。方程组（5-20）是模型均衡解的稳态方程组，代表 P_e、ω、K_{rd}、E_1 这 4 个变量均衡值及其他相关参数之间的隐函数关系，由于无法直接从稳态方程组（5-20）中求得各变量均衡值的显示解，本文通过仿真分析的方法来模拟环境规制对工业技术创新的影响。

$$\begin{cases} Y = \Phi_1 A_1 K_1^{\alpha_1} L_1^{\beta_1} E_1^{\gamma_1} \\ \dfrac{YP_1(\phi - \phi_0)^{\chi_1}\rho_7\rho_8 K_{1rd}^{\rho_8 - 1}}{(\phi - \phi_0)^{\chi_1}\rho_7 K_{1rd}^{\rho_8} + 1} = -\tau(\phi)\dfrac{\rho_1 E_1^{\rho_2}}{((\phi - \phi_0)^{\chi_1}\rho_7 K_{1rd}^{\rho_8} + 1)^2} \times \\ \qquad (\phi - \phi_0)^{\chi_1}\rho_7\rho_8 K_{1rd}^{\rho_8 - 1} + r_{1rd} - v_0 \\ E = A_2 K_2^{\alpha_2} L_2^{1-\alpha_2} \\ L_1 + L_2 = 1 \end{cases} \tag{5-20}$$

5.2.2 参数校准

（1）环境规制强度。已有研究提出多种度量环境规制强度的方法，参考沈能（2012）的研究，选取污染治理运行费用占工业产值的比重代表环境规制强度。污染治理运行费用等于工业行业废水和废气的治理运行费用之和（《中国环境统计年报》中未对工业固体废物治理运行费用进行统计）。环境变量数据来源于《中国环境统计年报》，工业产值数据来源于《中国工业经济统计年鉴》。

（2）工业行业的生产函数及技术创新函数的估算。这里采用我国工业行业和能源行业（由于能源行业数据较难获取，这里用煤炭开采业近似表示能源行业）的数据对生产函数和技术创新函数进行估算，结果见表 5-1。

表 5-1　生产函数、技术创新函数及污染排放函数回归结果

参数	工业行业 $\ln Y_t$	能源企业 $\ln E_t$	工业行业技术创新 $\ln \Phi_t$	污染排放 $\ln EM_t$
$\ln K_{jt}$	0.5269*** (0.1029)	0.2060*** (0.0416)	0.3512*** (0.0896)	
$\ln L_{jt}$	0.0636* (0.0365)	0.8022*** (0.0632)		

续表

参数	工业行业 $\ln Y_t$	能源企业 $\ln E_t$	工业行业技术创新 $\ln\Phi_t$	污染排放 $\ln EM_t$
$\ln\Phi_{1t}$				-0.0102 (0.1160)
$\ln E_{jt}$	0.4602 *** (0.1188)			0.7188 *** (0.0407)
C	-2.7246 ** (1.0437)	-3.9289 ** (1.8849)	1.2145 *** (0.3257)	6.5605 *** (0.3397)

说明：（1）***、** 和 * 分别表示在 1%、5% 和 10% 水平上显著，括号内为标准差；（2）$\ln Y_t$ 分别表示工业行业的产出，$\ln K_{jt}(j=1, 2, rd)$ 分别表示对应工业行业的资本或 R&D 投入，$\ln L_{jt}(j=1, 2)$ 分表示对应企业的劳动投入，$\ln E_{1t}$ 分别表示对应企业的能源投入，$\ln\Phi_t$ 表示工业行业的技术创新。

（3）污染排放函数的估算。由于工业行业废水排放数据、二氧化碳排放数据和固废数据缺失较多，这里采用工业二氧化硫排放量（SO_2）代表污染排放，进行估计，结果见表 5-1。

（4）模型其余参数设定。对于模型中的其他参数，本研究借鉴董直庆等（2014）、阿西莫格鲁等（Acemoglu et al, 2012）及黄茂兴和林寿富（2013）等的做法进行设定，具体如下：$\beta=0.99$，$\delta_1=0.2$，$\delta_2=0.15$，$\delta_{rd}=0.2$，$\delta_3=0.2$，$\sigma=5$。

5.2.3 政策模拟

环境规制对工业技术创新关系的政策模拟结果如图 5-1 所示。环境规制与工业技术创新的关系呈现“U”型曲线特征，即当环境规制强度低于“U”型曲线拐点对应的规制水平时，工业企业会增加生产要素投入，增加产出以抵消环境规制成本，进而挤占环境技术的研发投入，环境规制的资源配置扭曲效应大于技术效应，企业的环境技术调整意愿较低，造成工业行业技术创新水平的降低；当环境规制强度进一步提升到“U”型曲线拐点的右侧时，环境税率加速上升，增加要素投入获得的经济产出难以抵消环境规制的成本，同时研发补贴的激励效应不断增强，使得环境规制的技术效应大于资源配置扭曲效应，企业的环境技术调整意愿较高，工业行业会不断加大环境技术的研发投入，提升技术创新水平，降低单位产出的污染排放，规避环境规制成本的提升。

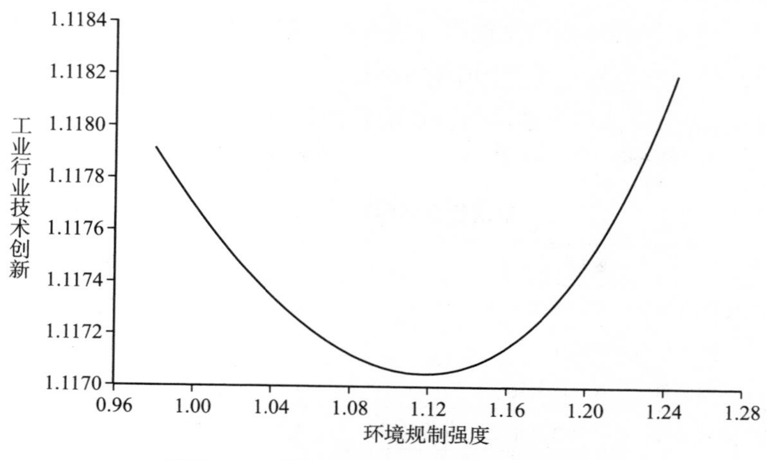

图 5-1　环境规制与技术创新的关系曲线

5.3　环境规制对技术创新作用的行业差异

5.3.1　数据来源

本节以我国工业行业为研究对象，样本数据来源于《中国工业经济统计年鉴》《中国科技统计年鉴》《中国环境统计年报》《中国统计年鉴》（2004~2013，历年）。需要说明的是，由于工艺品及其他制造业、废弃资源和废旧材料回收加工业以及其他采矿业部分年份的数据缺失，将这 3 个子行业予以剔除。此外，由于年鉴中不同年份的工业行业分类标准有所变化，为保持统计口径一致，我们将塑料制品业与橡胶制品业进行合并为塑料橡胶制品业。经上述调整后，形成 35 个工业子行业。进一步，基于各行业的污染排放强度，我们以各行业污染排放强度的中位数作为划分依据将所有的工业行业（35 个）划分为清洁行业（17 个）和污染行业（18 个）。其中，污染排放强度的计算方法如下：

（1）计算每个行业单位产值的污染排放值，即 $UE_{ij}=E_{ij}/Y_i$，其中 E_{ij} 为行业 i 的主要污染物 j 的排放量，Y_i 为各行业的工业总产值。

（2）对各行业单位产值的污染排放值进行标准化处理：$UE'_{ij}=\frac{UE_{ij}-\min(UE_j)}{\max(UE_j)-\min(UE_j)}$，其中 UE_{ij} 为各产业污染物单位产值的污染排放原始值，$\max(UE_j)$ 和 $\min(UE_j)$ 分别表示主要污染物 j 在所有行业中的最大值和最小值，UE'_{ij} 为各产业污染物单位产值的污染排放标准化值。

（3）将上述各种污染排放得分等权重加权平均，计算三种污染物的平均得分，即可求得各行业的污染排放强度。

表 5－2 为清洁行业和污染行业的具体划分。

表 5－2　清洁行业和污染行业划分

	清洁行业（17）		污染密集行业（18）
1	电气机械及器材制造业	1	食品制造业
2	文教体育用品制造业	2	农副食品加工业
3	印刷业和记录媒介的复制	3	纺织业
4	通信设备、计算机及其他电子设备制造业	4	燃气生产和供应业
5	家具制造业	5	饮料制造业
6	纺织服装、鞋、帽制造业	6	石油加工、炼焦及核燃料加工业
7	通用设备制造业	7	水的生产和供应业
8	烟草制品业	8	有色金属冶炼及压延加工业
9	交通运输设备制造业	9	化学原料及化学制品制造业
10	仪器仪表及文化、办公用机械制造业	10	化学纤维制造业
11	专用设备制造业	11	非金属矿采选业
12	金属制品业	12	黑色金属冶炼及压延加工业
13	皮革、毛皮、羽毛（绒）及其制品业	13	煤炭开采和洗选业
14	石油和天然气开采业	14	非金属矿物制造业
15	木材加工及木、竹、藤、棕、草制品业	15	造纸及纸制品业
16	橡胶塑料制品业	16	电力、热力的生产和供应业
17	医药制造业	17	黑色金属矿采选业
		18	有色金属矿采选业

样本数据期间为 2003～2012 年共 10 年，样本量为 350。需要说明的是，由于统计口径的变化，2010 年以前的样本数据为分行业大中型工业企业数据，2011 年以后为规模以上工业企业数据，与以前的大中型工业企业基本一致。另外，为了消除价格变化带来的误差，本节中用到的固定资产投资净值、研发经费内部支出和外商投资数据均以《中国统计年鉴》中各行业的工业生产者出厂价格指数进行平减，以 2003 年为基期。

5.3.2　变量选择

（1）专利申请数。在技术创新活动的成果产出上，专利是 R&D 活动的直接产出，也是国际上通用的衡量技术创新的产出指标，被国内外学者所广泛接受（Lanjouw & Mody，1996；Brunnermeier & Cohen，2003；Guan & Gao，2009）。选取各行业大中型工业企业专利申请数为工业行业技术创新活动产出的一个代理变量。

（2）环境规制强度。现有文献对环境规制强度的度量提出多种方法，考虑到行业数据的可获得性，我们从治污设施运行费用（价格型）和污染排放量（数量型）两个角度来度量环境规制强度，以期考察不同的度量方法对技术创新视角下环境规制经济效应影响的一致性。从治污设施运行费用角度考虑，采用沈能（2012）等做法，选用各工业行业污染治理运行费用占工业产值的比重（ERI_1）作为环境规制的代理变量，污染治理运行总费用等于各行业工业废水和废气的治理运行费用之和（《中国环境统计年报》没有统计固体废物治理运行费用）。从污染排放量角度，借鉴王文普（2013）的做法，指标的计算方法是：先计算 SO_2 处理率（工业 SO_2 去除量/(工业 SO_2 排放量 + 工业 SO_2 去除量)）和废水排放达标率（工业废水达标排放量/工业废水排放量）两个子项，然后转换成 0 ~ 100 值，最后通过求算术平均计算出合成指标（ERI_2）作为环境规制强度的测度①。

（3）研发投入。研发投入是技术创新活动的基本投入，包括研发经费和研发人员。选取 R&D 经费内部支出（单位：万元）和 R&D 人员全时当量（单位：人年）作为技术创新的投入变量。

（4）行业规模。一般而言，行业规模会在一定程度上影响到技术创新能力，然而这种影响的方向和程度尚存争议，因为行业规模越大，就会拥有资金和人员优势，较强的市场控制力，为技术创新提供有力支持和保障；但是规模越大的行业由于缺乏竞争导致缺乏技术创新的动力，同时由于内部管理和协调的难度加大，会影响技术创新的效率。将行业规模作为控制变量，采用各行业的固定资产投资净值（单位：万元）来表示行业规模。

（5）所有制结构。虽然我国经济处在转轨过程之中，但是我国工业行业中的二元结构依然特别突出，国有企业与民营、外资等非国有企业所面临的优势和约束存在明显差异，因而技术创新的动力也有所差异。这里将所有制结构作为控制变量，采用国有及国有控股企业生产总值占工业企业生产总值的比重来衡量所有制结构。

---

① 由于多数行业的工业固体废物排放量数据缺失，这里只考虑工业废水和二氧化硫的排放量数据。

（6）外商直接投资。外商直接投资是技术引进的一个重要途径，同时外资的进入也会给内资企业带来竞争，因此会对工业行业的技术创新产生影响。选择外商直接投资作为控制变量，采用各行业外商资本和港澳台资本总和（单位：万元）近似代替（分行业的外商直接投资数据没有统计）。

5.3.3 实证模型

本节采用面板数据模型来研究环境规制对工业行业技术创新的作用。环境规制强度是解释变量，技术创新是被解释变量，使用专利申请数作为技术创新的衡量指标。已有文献对环境规制与技术创新关系的研究结论存在分歧，由于环境规制对技术创新可能存在非线性影响，为了考察环境规制对技术创新影响的非线性特征，将环境规制强度的平方项纳入模型。在考虑其他控制变量的基础上，设定的 Panel Data 模型如式（5－21）所示：

$$Pat_{it} = \alpha + \beta_1 ERI_{it} + \beta_2 ERI_{it}^2 + \beta_3 Exp_{it} + \beta_4 Staff_{it} + \beta_5 Scal_{it} + \beta_6 NatI_{it} + \beta_7 FDI_{it} + V_i + \varepsilon_{it} \quad (5-21)$$

其中，i 表示 35 个工业行业，$i=1$，2，…，35；t 表示各个年份，$t=2003$，2004，…，2012；Pat 表示专利申请数；ERI 表示环境规制强度（在实证检验中采用两种度量方法，分别为 ERI_1 和 ERI_2）；Exp、$Staff$、$Scal$、$NatI$ 和 FDI 分别表示研发经费、研发人员、行业规模、所有制结构和外商直接投资变量；α 为不随个体变化的截距；V_i 为个体效应；β 为待估参数；ε_{it}是随机扰动项。

为了消除异方差性，非比例变量取对数，最终的估计模型为

$$\ln Pat_{it} = \alpha + \beta_1 ERI_{it} + \beta_2 ERI_{it}^2 + \beta_3 \ln Exp_{it} + \beta_4 \ln Staff_{it} + \beta_5 \ln Scal_{it} + \beta_6 NatI_{it} + \beta_7 \ln FDI_{it} + V_i + \varepsilon_{it} \quad (5-22)$$

5.3.4 实证结果分析

为了检验不同污染类型行业（清洁行业和污染行业）的环境规制强度对技术创新影响的差异性，本部分分别对全行业样本、清洁行业样本和污染行业样本进行实证检验。由于样本数据 Wald 检验表明，不同分组样本数据均存在异方差，为了对存在异方差问题的模型进行修正，采用广义最小二乘法（GLS）估计方法，估计结果见表 5－3。

表5-3　　　　　　　　环境规制指标 ERI_1 的估计结果

	全行业	清洁行业	污染行业
ERI_1	-0.821*** (-8.82)	-1.861*** (-2.94)	-0.625*** (-4.01)
ERI_1^2	0.366*** (5.32)	4.960** (2.43)	0.299*** (3.04)
$\ln Exp$	0.627*** (7.91)	0.788*** (6.14)	0.660*** (6.38)
$\ln Staff$	0.256*** (2.94)	0.178 (1.37)	0.051 (0.41)
$\ln Scal$	0.199*** (3.87)	-0.034 (-0.38)	0.456*** (6.24)
$NatI$	-0.407*** (-7.47)	-0.385*** (-6.00)	-0.541*** (-6.05)
$\ln FDI$	0.020 (1.47)	-0.033* (-1.76)	0.068*** (3.03)
α	-2.642*** (-10.24)	-1.151*** (-2.84)	-4.246*** (-12.51)

说明：括号内的数字为标准误。**、**、*分别表示在1%、5%、10%显著性水平下变量显著。

根据估计结果，可以看出无论是全行业、清洁行业还是污染行业，价格型环境规制强度指标的一次项系数符号均为负，二次项系数符号均为正，并且是统计显著的。这说明我国工业行业的环境规制强度和技术创新之间呈现"U"型关系，即随着环境规制强度的由弱变强，对技术创新水平产生先降低后提高的影响。分析其原因，当政府的环境规制政策较弱时，企业会投入资金用于污染治理，或者购买先进生产设备和工艺来减少污染排放，治污投入对企业用于产品生产的技术创新投资产生挤出效应，或者说环境规制所带来的"遵循成本"大于"创新补偿"效应，随着环境规制强度不断加大，这种挤出效应不断扩大，导致企业技术创新能力下降（Rhoades，1985）。但是，到达"U"型拐点以后，环境规制强度再加大，会导致行业中部分企业难以达标而退出，被规制行业的企业数量趋于降低，市场集中度相对提高，存留下来的具有市场竞争力的优势企业往往更重视技术创新（张成等，2011）。同时，由于治污成本过高，企业生产成本增加，治污支出效应边际递减，企业更加重视清洁技术的研发和生产工艺的改进，研发创新给被规制企业带来"创新补偿"效应，激发企业主动技术创新的动力，加大研发力度，通过技术创新减少污染排放，降低环境规制的成本，达到环境规制的标准和要求（Porter，1991）。另外，企业通过技术创新，也可形成一定的技术壁垒或者通过专利转让等获得竞争优势。因此，环境规制又对企业的技术创新产生激励效应。从两类不同污染水平的行业回归结果比较来看，清洁行业和污染行业的“U”型关系的拐点分别为0.188和1.045，说明清洁行业要早于污染行业达到拐点。“U”型关系的切线（方程的一阶导数）表示该类型行业对环境规制变动的反应程度，我们称为环境规制的边际技术创新。清洁行业的切线斜率为$9.92ERI_1+1.861$，污染行业的切线斜率为$0.598ERI_2+0.625$。当环境规制变量ERI_1小于0.133（$0.133<0.188$）时，$9.92ERI_1+1.861<0.598ERI_1+0.625$，清洁行业和污染行业的环境规制均对技术创新产生抑制作用，清洁行业的边际技术创新下降的幅度要小于污染行业。而当环境规制变量ERI_1大于0.133时，$9.92ERI_1+1.861>0.598ERI_1+0.625$，也就是说，清洁行业对环境规制变动的反应要比污染行业对其的反应更为迅速，清洁行业的边际创新要大于污染行业。究其原因在于，污染行业（如钢铁、采矿、煤炭、石油等行业）的生产设备成本较高，企业的技术水平很难随着环境规制的变动而进行迅速改进，因而，要满足政府的环境规制标准，企业或者增加治污成本，或者缩减产能，技术创新的空间很小，故而，污染行业的技术创新对环境规制的反应相对缓慢；而清洁行业（如食品、纺织、各种设备制造等行业）在生产过程中没有过多的沉淀成本，技术设备的更新和改造相对容易，可以根据政府的环境规制要求调整研发和创新策略，因而技术创新对环境规制的变动反应更为迅速。

从五个控制变量的回归结果来看，在不同的行业分组中表现出一定程度上的差异。研发经费和工业行业的技术创新有着一致的显著正相关关系，无论是全行业还是两个行业分组来看，研发经费的投入直接推动了企业技术的创新，而且对清洁行业的促进作用（系数为0.788）要略高于对污染行业（系数为0.660）。研发人员对工业行业的技术创新具有正向影响，但是只有从全行业角度才通过显著性检验，对于清洁行业和污染行业分组，研发人员的促进作用并不显著，原因可能由于行业分组或者指标选取导致的不显著。行业规模显著地与全行业和污染行业分组的技术创新正相关，表明较大的行业规模有利于整个工业行业和污染行业的技术创新，但是对清洁行业的技术创新是负向抑制的，但是统计上不显著。可能的原因是，污染行业沉淀成本较大，行业规模越大，资金越雄厚，就越有利于污染型企业进行技术创新，发挥治污规模效应；而清洁行业没有过多的沉淀成本，企业容易采用新技术或者进行技术改造，行业规模对清洁型行业的技术创新影响较小。所有制结构对工业行业的技术创新呈现显著的反向抑制作用。无论是全行业角度还是两个行业分组，较高的国有化占比都不利于行业的技术创新，与民营和外资企业相比，国有企业的市场化程度低，往往存在产权模糊、经营机制僵化和管理效率低下的问题，尽管在政策和创新资源方面优于民营和外资企业，但是普遍存在资源利用效率不高的问题，影响了技术创新的能力。外商直接投资对污染行业的技术创新是显著地正向促进作用，而显著地反向抑制清洁行业的技术创新，从全行业角度看其对技术创新的作用并不显著。产生这种差异的原因，主要是因为外资进入会产生技术溢出等正向效应，同时也会带来过度市场竞争而引起负向效应。对于污染行业，外商投资更多的是发挥了技术溢出效应，通过内资企业的合作，加强人员、技术之间的交流促进其技术创新；而对于清洁行业，外商投资产生了竞争效应，如高技术制造业等外资进入较多，挤占了内资企业的市场份额，不利于内资企业的技术创新。

为了考察环境规制与技术创新间的“U”型关系的是否具有稳健性，我们对数量型环境规制变量（ERI_2）采用相同模型，进一步检验环境规制对工业行业技术创新的影响。估计结果如表 5－4 所示。

表 5－4　　环境规制指标 ERI_2 的估计结果

	全行业	清洁行业	污染行业
ERI_2	－4.733 *** （－3.92）	－4.042 ** （－2.16）	－4.470 *** （－2.82）
ERI_2^2	3.240 *** （3.77）	3.113 ** （2.20）	3.562 *** （3.33）
ln*Exp*	0.858 *** （10.65）	0.812 *** （6.90）	0.615 *** （6.05）
ln*Staff*	0.130 （1.44）	0.157 （1.31）	0.019 （0.18）
ln*Scal*	0.067 （1.42）	0.0143 （0.14）	0.552 *** （7.33）
NatI	－0.366 *** （－6.45）	－0.346 *** （－5.44）	－0.791 *** （－7.95）
ln*FDI*	0.010 （0.66）	－0.036 * （－1.93）	0.047 *** （2.27）
α	－0.860 * （－1.82）	－0.340 （－0.45）	－3.231 *** （－4.65）

说明：括号内的数字为标准误。***、**、* 分别表示在 1%、5%、10% 显著性水平下变量显著。

从估计结果来看，全行业、清洁行业，以及污染行业中环境规制强度和技术创新上依旧呈现显著的“U”型关系，所得结果与表 5 - 2 中的对应结果较为吻合。控制变量的回归结果亦和表 5 - 2 中对应的回归结果较为接近，此处不再赘述。

5.4 环境规制对技术创新影响的区域差异

5.4.1 实证模型

根据安瑟兰（Anselin，1988）的研究，基于不同的空间因素引入方式可以将空间计量模型分为空间自回归模型（spatial autoregressive model，SAR）（也称空间滞后模型）和空间误差模型（spatial error model，SEM）。本节选用基于面板数据建立的综合考虑变量时间和空间二维关系的空间计量面板数据模型，空间面板模型可以分为空间滞后自回归面板数据模型和空间误差面板数据模型。

空间滞后自回归面板数据模型的一般形式为

$$\mathbf{y} = \rho(\mathbf{I}_T \otimes \mathbf{W}_N)\mathbf{y} + \mathbf{X}\boldsymbol{\beta} + \boldsymbol{\eta} + \boldsymbol{\varepsilon} \tag{5-23}$$

其中，$\mathbf{y}$ 是 $NT \times 1$ 维被解释变量向量，$\mathbf{X}$ 是 $NT \times k$ 维解释变量，N，T 和 k 分别为空间个体单元数，时间单位数和解释变量个数。$\mathbf{I}_T$ 是 $T \times T$ 维单位阵，$\mathbf{W}_N$ 是 $N \times N$ 维空间权矩阵，$\otimes$是矩阵的克罗内克乘积，ρ 是空间相关系数，$\boldsymbol{\eta}$ 是 $NT \times 1$ 维个体固定效应向量，$\boldsymbol{\varepsilon}$ 是满足经典假设的误差扰动项，即 $\boldsymbol{\varepsilon} \sim N(0, \sigma^2 \mathbf{I}_{NT})$。

空间误差面板数据模型的一般形式为

$$\mathbf{y} = \mathbf{X}\boldsymbol{\beta} + \boldsymbol{\eta} + \mathbf{v}, \quad \mathbf{v} = \lambda(\mathbf{I}_T \otimes \mathbf{W}_N)\mathbf{v} + \boldsymbol{\varepsilon} \tag{5-24}$$

其中 $\mathbf{y}$ 是 $NT \times 1$ 维被解释变量向量，$\mathbf{X}$ 是 $NT \times k$ 维解释变量，N，T 和 k 分别为空间个体单元数，时间单位数和解释变量个数。$\mathbf{I}_T$ 是 $T \times T$ 维单位阵，$\mathbf{W}_N$ 是 $N \times N$ 维空间权矩阵，$\otimes$是矩阵的克罗内克乘积，λ 是空间相关系数，$\boldsymbol{\eta}$ 是 $NT \times 1$ 维个体固定效应向量，$\boldsymbol{\varepsilon}$ 是满足经典假设的误差扰动项，即 $\boldsymbol{\varepsilon} \sim N(0, \sigma^2 \mathbf{I}_{NT})$。

为了更好地研究环境规制及其他因素在空间上对技术创新的影响程度，利用空间计量模型的基本原理，本书建立空间面板模型研究变量的空间相关性及其影响因素。选择工业行业的技术创新为被解释变量，本书使用专利申请数 *Pat* 作为技术创新的衡量指标。环境规制（*ERI*）为解释变量，理论推导部分已经证明环境规制与技术创新可能存在“U”型关系，因此我们将环境规制的平方项纳入模型，以考察环境规制的非线性影响。在考虑到其他控制变量的基础上，建立的空间自回归面板模型和空间误差面板模型如式（5－25）和式（5－26）所示。

空间自回归面板数据模型：

$$Pat_{it} = \alpha_0 + \rho \mathbf{W} Pat_{it} + \alpha_1 ERI_{it} + \alpha_2 ERI_{it}^2 + \mathbf{X\beta} + \eta_i + \varepsilon_{it} \quad (5-25)$$

空间误差面板数据模型：

$$Pat_{it} = \alpha_0 + \alpha_1 ERI_{it} + \alpha_2 ERI_{it}^2 + \mathbf{X\beta} + \eta_i + v_{it},$$
$$v_{it} = \lambda \mathbf{W} v_{it} + \varepsilon_{it} \quad (5-26)$$

其中，下标 i 表示省份，t 表示时间，ρ 表示空间回归系数，λ 用以衡量样本观测值的误差项引进的一个区域间溢出成分，$\mathbf{X}$ 是 $NT \times k$ 维控制变量，$\mathbf{W}$ 是 $N \times N$ 维空间权矩阵，η_i 是地区个体效应，$\boldsymbol{\varepsilon}$ 是满足经典假设的误差扰动项。

为了消除异方差性，非比例变量取对数，因而本文最终估计的模型为：

空间滞后自回归面板数据模型：

$$\ln Pat_{it} = \alpha_0 + \rho \mathbf{W} \ln Pat_{it} + \alpha_1 ERI_{it} + \alpha_2 ERI_{it}^2 + \beta_1 Rgdp_{it} + \beta_2 \ln Staff_{it} + \beta_3 \ln Scal_{it} + \beta_4 Nat_{it} + \beta_5 FDI_{it} + \eta_i + \varepsilon_{it} \quad (5-27)$$

空间误差面板数据模型：

$$\ln Pat_{it} = \alpha_0 + \alpha_1 ERI_{it} + \alpha_2 ERI_{it}^2 + \beta_1 Rgdp_{it} + \beta_2 \ln Staff_{it} + \beta_3 \ln Scal_{it} + \beta_4 Nat_{it} + \beta_5 FDI_{it} + \eta_i + v_{it},$$
$$v_{it} = \lambda \mathbf{W} v_{it} + \varepsilon_{it} \quad (5-28)$$

在模型（5－27）和模型（5－28）中，*Pat* 表示技术创新，*ERI* 表示环境规制，*Rgdp* 表示人均 GDP，*Scal* 表示规模，*Nat* 表示所有制结构，*FDI* 表示外商投资。

5.4.2 变量选择

（1）专利申请数（*Pat*）。在技术创新活动的成果产出上，专利是 R&D 活动的直接产出，也是国际上通用的衡量技术创新的产出指标，被国内外学者所广泛接受。选取各省份大中型工业企业专利申请数作为各技术创新的一个代理变量。该指标原始数据来源于各年《中国科技统计年鉴》。

（2）环境规制强度（*ERI*）。现有文献对环境规制强度的度量提出多种方法，考虑到行业数据的可获得性，从治污设施运行费用角度来度量各省际的环境规制强度。具体的指标计算，借鉴沈能（2012）的做法，采用污染治理运行费用占工业产值的比重（*ERI*）表示环境规制强度。污染治理运行总费用等于各省市的工业废水和废气的治理运行费用之和（《中国环境统计年报》中各省市的工业固体废物治理运行费用数据并未统计）。各环境变量的原始数据均来自各年的《中国环境统计年报》，工业产值来自各年的《中国工业经济统计年鉴》。

（3）研发人员（*Staff*）。人员投入是技术创新活动的基本投入，因此选取各省市工业行业的 R&D 人员全时当量（单位：人年）作为技术创新活动投入变量。原始数据来源于各年《中国科技统计年鉴》。

（4）地区经济发展水平（*Rgdp*）。地区的经济发展水平在一定程度上代表了区位环境、资源要素、竞争程度等比较优势水平，会影响地区内的企业技术创新水平。由于我国不同地区经济发展水平差距较大，必然会使得各地区的工业企业的技术创新水平存在差异。选取人均 GDP（单位：元）作为各地区经济发展水平的代理变量。原始数据来源于中经网统计数据库。

（5）企业规模（*Scal*）。一般而言，企业规模会对技术创新产生影响得到一致的认可，然而这种影响的方向和程度尚存争议。因为企业规模越大，资金和人员资本越雄厚，导致其技术创新更具优势，然而大企业由于具有垄断地位，相对于中小企业而言，管理协调更难，灵活性差，从而可能缺乏技术创新的动力。采用各地区的工业企业总产值（单位：亿元）来代理企业规模。原始数据来自《中国工业经济统计年鉴》。

（6）所有制结构（*Nat*）。国有企业与非国有企业产权不同，所面临的优势和约束也不尽相同，国有企业具有资源优势，但是往往管理效率、创新动力不如非国有企业，因而技术创新水平也存在差异。考虑到数据的可获得性，使用规模以上国有及国有控股工业企业资产总计占规模以上工业企业资产总计的比重来衡量。原始数据均来自中经网统计数据库。

（7）外资（*FDI*）。外资是技术引进的一个重要途径，外资企业通过与内资企业的研发合作、人员流动等产生技术溢出效应，促进内资企业技术创新能力提升，但是外资企业进入同时也会带来较强竞争，进而阻碍内资企业的技术创新。采用各地区规模以上外商及港澳台商投资工业企业销售额占比进行衡量。原始数据来源于中经网统计数据库。

5.4.3　数据来源

本节以我国省际工业行业为研究对象，样本数据来源于《中国科技统计年鉴》《中国工业经济统计年鉴》《中国环境统计年报》《中国统计年鉴》中经网统计数据库（2002～2013 年）。样本数据为 2001～2012 年中国 30 个省份的工业行业面板数据（由于西藏缺失数据较多，将西藏从样本中剔除）。为了检验不同区域环境规制对工业行业技术创新的影响差异，按照通常的做法，这里将 30 个省区市划分为东部、中部和西部三个组分别检验，东部地区包括北京、天津、河北、辽宁、上海、江苏、浙江、福建、山东、广东和海南等 11 个省市，中部地区包括山西、吉林、黑龙江、安徽、江西、河南、湖北和湖南等 8 个省市，西部地区包括内蒙古、广西、重庆、四川、贵州、云南、陕西、甘肃、青海、宁夏和新疆等 11 个省区市。需要说明的是，《中国科技统计年鉴》中 2010 年以前统计分行业大中型工业企业数据，2011 年以后统计口径有所变化，只统计了规模以上工业企业数据，并且重新定义了规模以上企业，与以前的大中型企业口径基本一致，因此，2011 年采用规模以上工业企业数据。另外，为了消除价格变化带来的误差，人均 GDP 和工业企业总产值均以各省市的工业生产者出厂价格指数进行平减（2000 年为基期）。指标变量的描述性统计结果如表 5－5 所示。

表 5－5　　指标变量的描述性统计

变量	个数	均值	标准差	最小值	最大值
ln*Pat*	360	3.064	0.756	0.699	4.940
Rgdp	360	4.172	0.307	3.468	4.960
ln*Staff*	360	4.189	0.595	1.929	5.628
ERI	360	0.351	0.207	0.083	1.662
ln*Scal*	360	3.719	0.573	2.228	4.981
Nat	360	0.591	0.190	0.140	0.944
FDI	360	0.164	0.149	0.013	0.613

5.4.4　实证结果分析

1. 空间相关性检验

进行空间计量分析首先需要判断模型的适用性，即采用空间滞后模型（SAR）或者空间误差模型（SEM）更合适。空间计量模型的设定通常采用拉格朗日乘子的 LM 检验法，需要建立空间权矩阵，本部分采用最广泛的 Rook 邻接定义的空间权矩阵，即若两个地区有公共边界，空间权矩阵中的元素设为1，否则为0，并将空间权矩阵标准化。这样定义的空间权矩阵符合这样一种经济现象：地理位置相隔较近的地区关系比相隔较远的密切，从而相隔较近的影响程度也更加强烈；相反，地理分布距离较远的，地理上的阻隔现象较为严重，从而导致相互间的影响不那么显著或没有影响。表5－6所示为LM空间相关性检验结果。

表5－6　　　　　　　　　　空间相关性检验结果

	全国	东部地区	中部地区	西部地区
LM（lag）	21.895 （0.000）	2.210 （0.137）	0.053 （0.817）	3.835 （0.050）
Robust LM（lag）	6.714 （0.010）	3.274 （0.070）	4631.984 （0.000）	7.594 （0.006）
LM（error）	35.443 （0.000）	9.878 （0.002）	4.062 （0.044）	1.742 （0.187）
Robust LM（error）	20.262 （0.000）	10.942 （0.001）	4635.992 （0.000）	5.501 （0.019）

说明：括号内为对应的 P 值。

从表5－6的LM检验及其稳健性检验可以看出，就全国、东部地区和中部地区而言，LM（error）比LM（lag）更加显著，且Robust LM（error）的显著性水平更高。根据安瑟兰和弗劳拉克斯（Anselin & Florax，1995）提出的判别准则可知，选择空间误差面板模型更为适合。李斌和彭星（2013）的研究认为采用空间误差模型说明技术创新空间依赖性并非来源于邻近省域的技术创新程度，而是存在于误差项中，度量的是邻近省域影响技术创新的误差冲击对本省技术创新的影响，这是与现实相符的。因此，本部分选择空间误差面板模型来分析环境规制对工业行业技术创新的区域差异。

2. 模型估计结果分析

稳健的空间计量模型设定需要考虑固定效应和随机效应的选择，Hausman检验结果表明，本部分采用固定效应模型对全国数据进行估计，采用随机效应模型对东部、中部、西三部分数据进行估计。估计结果见表5－7。

表 5 - 7　　空间误差面板模型估计结果

	全国	东部地区	中部地区	西部地区
ERI	-0.548*** (0.004)	-3.362*** (0.000)	-0.310* (0.059)	-0.532* (0.074)
ERI^2	0.389*** (0.004)	5.118*** (0.001)	0.182 (0.362)	0.357* (0.063)
Rgdp	-0.090 (0.129)	0.267** (0.035)	0.077 (0.743)	0.540*** (0.000)
ln*Staff*	0.485*** (0.000)	0.255** (0.013)	0.862*** (0.000)	0.100 (0.486)
ln*Scal*	0.469*** (0.000)	0.689*** (0.000)	0.106 (0.580)	0.938*** (0.000)
Nat	-0.480*** (0.000)	-1.765*** (0.000)	-2.061*** (0.000)	-1.643*** (0.000)
FDI	0.490*** (0.001)	0.931*** (0.004)	0.952 (0.298)	-2.340*** (0.001)
λ	0.489*** (0.000)	0.502*** (0.000)	0.055* (0.081)	0.208* (0.051)
R^2	0.847	0.957	0.908	0.888
L	-34.806	19.251	22.360	10.324

说明：括号内为对应的 *P* 值，*L* 为对数似然值。***、** 和 * 分别表示在 1%、5%、10% 显著性水平下变量显著。

如表 5 - 7 所示，全国和东部地区的空间误差系数 λ 均在 1% 的水平下显著，中部和西部地区的空间误差系数 λ 在 10% 的水平下显著，表明全国和东部、中部、西部三个地区的空间依赖性的显著存在。全国的空间误差系数 λ 为 0.489，说明就全国而言，邻近省域影响工业行业技术创新因素的误差冲击对本省工业行业技术创新的影响程度达到了 0.489，因此必须使用空间计量模型来估计环境规制对技术创新的影响。

就全国而言，环境规制强度指标的一次项和二次项系数符号显著为负号和正号，说明环境规制强度和工业行业技术创新之间符合“U”型关系，即随着环境规制强度的提升，对工业行业的技术创新的影响先降低后上升。从三个区域的估计结果看，东部地区和西部地区的环境规制强度指标的一次项和二次项系数符号显著为负号和正号，说明在东部地区和西部地区，环境规制对工业行业技术创新的影响与全国保持一致，两者呈

"U"型关系。分析其原因，当政府的环境规制政策较弱时，企业会投入资金用于污染治理，或者购买先进生产设备和工艺来减少污染排放，治污投入对企业用于产品生产的技术创新投资产生挤出效应，或者说环境规制所带来的"遵循成本"大于"创新补偿"效应，随着环境规制强度不断加大，这种挤出效应不断扩大，导致企业技术创新能力下降（Rhoades，1985）。但是，到达"U"型拐点以后，环境规制强度再加大，会导致行业中部分企业难以达标而退出，被规制行业的企业数量趋于降低，市场集中度相对提高，存留下来的具有市场竞争力的优势企业往往更重视技术创新（张成等，2011）。同时，由于治污成本过高，企业生产成本增加，治污支出效应边际递减，清洁技术的研发和生产工艺的改进逐渐得到重视，研发创新活动给被规制企业带来"创新补偿"效应，会激发企业主动技术创新的动力，加大研发力度，通过技术创新减少污染排放，降低环境规制的成本，达到环境规制的标准和要求（Porter，1991）。另外，企业通过技术创新，也可形成一定的技术壁垒或者通过专利转让等获得竞争优势。因此，环境规制又会激励企业进行技术创新。

东部地区和西部地区的"U"型曲线拐点分别大约在0.328和0.745，说明东部地区要早于西部地区达到拐点。2013年东部地区的平均 ERI 为0.226（<0.328），西部地区的平均 ERI 为0.460（<0.745），说明目前我国东部地区和西部地区均处于拐点的左侧下降阶段。"U"型关系的切线（方程的一阶导数）表示该类型行业的企业对环境规制变动的反应程度，称为环境规制的边际技术创新。东部地区的切线斜率为 $10.236ERI-3.362$，污染行业的切线斜率为 $0.714ERI-0.532$。当环境规制变量 ERI 小于0.297（$0.297<0.328$）时，$10.236ERI-3.362<0.714ERI-0.532$，由于此时东部地区和西部地区的工业行业技术创新均是被抑制的，所以东部地区的边际技术创新下降的幅度要小于西部地区。而当环境规制变量 ERI 大于0.297时，$10.236ERI-3.362>0.714ERI-0.532$，也就是说，东部地区对环境规制变动的反应要比西部地区反应更为迅速，东部地区的边际技术创新要大于西部地区。2013年全国平均 ERI 达到0.329（>0.297），说明东部地区工业行业的技术创新对环境规制变动的反应要比西部地区对其的反应更为迅速。究其原因，东部地区市场化程度高于西部地区，且具有良好的区位优势和人才发展环境，使得市场竞争较为充分，人力资本基础较好，而西部地区仍然受制于软硬件条件的制约，导致对国内外先进技术的吸引力不足（沈能和刘凤朝，2012），故而西部地区工业行业的技术创新对环境规制的反应也相对缓慢。而中部地区，虽然其环境规制强度指标的一次项和二次项的系数也分别为负和正，但是二次项系数在统计上不显著，说明随着环境规制强度的不断增强，中部地区的技术创新发展趋势呈现线性，这可能与环境规制的形式或指标选取有关，因为环境规制的效果不仅与环境规制强度有关，还取决于环境规制的形式（Sartzetakis & Constantatos，1995）。

五个控制变量的估计结果对全国和各区域的影响及显著性存在差异。地区发展水平在全国范围和中部地区样本不显著，但是对东部地区和西部地区的工业行业技术创新有显著的正向影响，说明地区的经济发展水平是影响东部和西部地区的工业行业技术创新的重要因素。研发人员投入在全国、东部和中部样本的回归中系数显著为正，充分证明了研发投入是技术创新的主要投入要素的作用。但是西部地区的研发人员回归结果不显著，可能西部地区的科研人员匮乏、科研效率不高的影响，西部地区的工业行业需要人才引进和培养力度，提升研发人员数量和素质。企业规模与全国、东部和西部地区的工业行业技术创新显著正相关，表明适当增大企业规模有利于促进研发投入的增加，进而促进工业行业的技术创新，但是对中部地区的技术创新在统计上不显著，原因可能是指标选取造成的。所有制结构对工业行业技术创新具有显著负向影响，无论是从全国角度还是对东中西部地区，较高的国有占比都不利于工业行业的技术创新，这可能是因为国有企业产权模糊和经营机制僵化，对市场的依赖不高，管理不善和创新激励不足，导致技术创新绩效不高。外资占比对全国和东部地区样本的工业行业技术创新起到了显著地正向推动作用，说明外商投资更注重专利的开发和技术的创新，通过与内资企业的合作、人才交流等对我国工业行业产生了一定的技术溢出作用。但是，外资占比与西部地区的工业行业技术创新显著负相关，原因可能是西部地区的技术、人才等较弱，难以较好的参与外资企业的合作，使得外资的竞争效应大于技术溢出效应。

5.5 本章小结

本章首先建立了环境规制对技术创新影响的理论模型，对理论模型进行政策模拟得到环境规制对技术创新的作用呈“U”型曲线关系。然后分别从行业视角和区域视角实证检验了环境规制对技术创新影响，验证了理论模型。

（1）从行业视角，运用2003～2012年我国35个工业行业的面板数据，实证检验了对环境规制与工业技术创新的关系，研究发现环境规制与工业技术创新之间具有“U”型特征，工业技术创新水平随着环境规制强度的增加先降后升。考虑行业异质性，由于要素投入结构的差异，清洁行业快于污染密集行业到达“U”型曲线拐点，当环境规制强度跨过拐点对应的值以后，清洁行业的技术创新对环境规制变动的反应要比快于污染密集行业，清洁行业的边际创新要大于污染密集行业。

行业视角研究的政策含义如下：第一，由于我国工业行业的环境规制与技术创新的关系尚处于“U”型曲线拐点左侧的下降阶段，表明应适当提高环境规制的强度，尽早突破“U”型曲线拐点，以刺激工业行业进行技术创新，使企业的环境技术水平得到提升，进而加强污染治理能力和降低污染排放。同时，环境规制强度的增强也能够提升企业的生产技术水平，特别是对于清洁型行业来说，能够有效地提高生产效率和产出水平，进一步支持企业的环境治理和技术研发，从总体上推动工业行业产业技术创新能力的提升。第二，政府在制定环境规制政策时，应考虑行业异质性特征，对污染密集行业和清洁行业进行差异化对待，采用不同规制工具的优化组合。例如，对污染密集行业来说，对环境规制的变动反应较慢，政府应倾向于预防控制，通过设立恰当的环境准入标准来引导污染密集行业的环境治理行为，实现源头治理；而对清洁行业来说，政府应倾向于事中控制，通过命令控制型环境规制与市场激励型环境规制进行有效结合的方式来引导清洁行业的环境治理行为。第三，环境规制政策和技术创新政策应交互使用，实现对环境规制政策的补充，如应重视科技人才的培养，壮大行业规模，推进产权制度改革，扩大外资引进等技术创新政策的使用。

（2）从区域视角，考虑到我国各地区之间的空间相关性和异质性，运用2001～2012年我国30个省份（西藏除外）的工业行业面板数据，控制地区经济发展水平、研发人员投入、企业规模、所有制结构、外商投资等变量影响，采用空间计量模型对环境规制与不同地区工业行业技术创新的关系进行了实证检验。研究表明：在全国、东部地区和西部地区范围内，环境规制强度对工业行业技术创新的影响呈现“U”型。东部地区要早于西部地区达到拐点，当环境规制强度大于临界值后，东部地区对环境规制变动的反应要比西部地区对其的反应更为迅速，东部地区的边际技术创新要大于西部地区，但是随着环境规制强度的不断增强，中部地区的技术创新却并未显著地呈现“U”型的发展趋势。

区域视角的研究具有以下政策含义：第一，鉴于我国环境规制与工业行业技术创新尚且处于“U”型关系左侧的下降阶段，应不断提高环境规制强度，促进工业企业进行技术创新，但是切忌盲目提高环境规制强度，应灵活地运用各种规制工具，并动态调整。同时，政府还需协调环境规制政策与技术政策，实现技术政策与环境规制政策的执行力度、类别的互补。第二，基于不同的地区特点制定差异化的环境规制政策和创新政策，东部地区具备经济发展、区位、要素禀赋等优势，市场经济发达，在制定环境规制政策时，应重点考虑市场化导向的激励措施，如排污权交易、补贴机制等，引导产业有序转移，同时激励工业行业的技术创新，减少污染排放获得利益。从西部地区来看，工业行业技术创新对环境规制变化的反应较为缓慢。西部地区应不断加大科技投入，改善投资环境，引进先进技术和管理经验，吸引和培养优秀人才，提升人力资本水平和创新基础设施，为技术创新创造良好的基础条件。同时，还应考虑经济发展与环境承载能力的协调，适度控制高能耗、高污染的落后产业转移。而中部地区，应适当降低其环境规制水平，降低环境规制的“遵循成本”，增加该地区的研发人员投入，提高其技术创新水平。政府在降低环境规制水平的过程中，应给予环境技术创新企业以补贴或减免税收政策，激励工业行业加强环境技术创新，减少污染排放水平，实现环境与经济的可持续发展。

第6章　产业结构转型视角下的环境规制与经济可持续发展

6.1 引　　言

改革开放以来，中国工业创造了巨大的经济红利，工业增加值年均增长率高达11.5%。然而在工业规模快速扩张的过程中，粗放式的发展模式并未得到根本转变，高能耗、高污染现象突出，资源消耗与环境污染对经济可持续增长的负面影响日益凸显，环境污染给中国带来的经济损失约占GDP的8%～15%（韩超和胡浩然，2015）。现实的环境问题已经不允许中国等待环境库兹涅兹曲线中未知拐点的出现，需要通过人为的干预来实现绿色增长模式。环境规制是政府解决环境问题"市场失灵"的手段，也是工业产业结构调整的重要途径，被世界各国所广泛采用。环境规制不仅要创造环境红利，更要创造经济红利，实现工业产业结构转型升级。我国经济的二元特征决定了环境政策不能采用一刀切的方式，企业间和行业间的资源禀赋、要素投入结构差距依然巨大，要素投入结构的差异决定了环境规制在不同行业间会产生悬殊的反应。原毅军和谢荣辉（2014）认为提高环境规制程度对产业和企业群体是一种强制性的"精洗"，最终驱动产业结构的调整。因此，充分考虑中国经济的二元特征，准确回答环境规制能否实现工业行业产业转型，深入探讨其面临的现实问题，可以为中国在"新常态"下制定差异化的环境政策提供重要启示。

传统观点认为通过环境规制提升环境质量会降低创新激励，损害全要素生产率。杰斐等（Jaffe et al，2003）、里奇（Ricci，2007）、弗勒伯（Vollebergh，2007）、波普等（Popp et al，2010）、阿吉翁等（Aghion et al，2012）等学者研究发现环境规制有助于提升环境友好型技术进步。但波普和纽厄尔（Popp，Newell，2012）指出环境规制带来的环境友好型技术进步并不能抵消全要素生产率的损失。部分学者通过实证研究驳斥了这一观点，例如，杰斐和帕尔默（Jaffe，Palmer，1997）研究发现部分行业的环境规制有助于促进整体研发活动，随后阿尔佩等（Alpay et al，2002）、Beriman 和 Bui（2001）、滨本（Hamamoto，2006）、拉诺伊等（Lanoie et al，2011）等研究支持了这一结论。此外，多数学者从第三产业与第二产业比重变化的角度来研究环境规制对产业结构转型的影响（Wan，1998；李强，2013；李眺，2013），但环境规制政策更多的是通过影响工业行业的生产活动来实现工业行业内部的产业变迁。然而对工业行业的研究，学者们更关心环境规制对技术创新的激励效应（白雪洁和宋莹，2009；张成等，2011；Porter，1991；Porter & Van，1995；Lanjouw & Mody，1996）。例如，白雪洁和宋莹（2009）研究表明环境规制促进了火电行业整体效率的提升，环境规制存在技术创新的激励效应。张成等（2011）对 1998 ~ 2007 年我国省际工业部门进行研究，发现环境规制强度对技术进步率作用的区域差异明显，长期来看，可以实现环境规制和经济发展的双赢。康拉德和瓦斯特（Conrad & Wast，1995）、格林斯通（Greenstone，2002）等认为环境规制会降低污染密集行业的全要素生产率水平。近年来，张红凤等（2009）、李玲和陶锋（2012）、沈能（2012）、徐敏燕和左和平（2013）等学者开始关注工业行业异质性对环境规制与技术创新间关系的影响，但结论并不统一。例如，张红凤等（2009）认为只有严格的环境规制才能抑制污染密集型产业的发展，实现产业结构调整。李玲和陶锋（2012）发现重度污染产业的环境规制能够提升绿色全要素生产率，中度污染产业的环境规制强度较弱，轻度污染产业环境规制强度能更早突破促进技术创新的拐点。造成结论差异的根源在于这些文献对造成环境规制政策在异质性行业中差异化效果的作用机理的研究不足。

阿吉翁等人（Aghion et al，2013）、苏普希（Suphi，2015）等从公司治理、产权结构和委托代理等角度来解释环境规制在异质性行业中的差异化效应，但这些视角并不能很好的解释不同工业行业在面对环境规制时的应对行为选择差异。要素投入结构差异是不同工业行业的固有属性，但现有研究大多忽略了工业行业的技术调节行为与要素投入结构中固定资本所占比重之间的关系。一般而言，固定资产投资比重越高的行业环境技术调节成本越高，因此，要素投入结构将直接决定工业行业环境技术的调节意愿和环境规制的容忍程度。环境规制的效果，即环境规制的经济效应可分为资源配置扭曲效应和技术效应两方面，资源配置扭曲效应是指工业行业通过增加生产要素投入获取经济产出以抵消环境规制成本的上升，最终引发污染排放增加的效应。技术效应是指工业行业通过环境技术研发投入的增加来降低单位产出的污染排放量以规避环境规制成本的提升，最终实现降低污染排放的效应。而要素投入结构的差异将直接决定资源配置扭曲效应与技术效应的关系。环境规制对工业行业产业转型的影响取决于环境规制对污染密集行业和清洁行业的经济产出影响的相对大小，而不同类型行业的产出是要素投入结构差异引发的环境规制经济效应的差异决定的。因此，研究环境规制对工业行业产业转型的影响，就必须厘清由要素投入结构差异导致的环境规制扭曲性与外部性的相对变化。基于此，本部分构建理论模型分析在异质性行业中环境规制政策的经济效应的差异，深入研究环境规制对工业行业产业结构转型的影响机理，并结合中国工业行业的省际面板数据对这一影响机理进行实证检验，并提出相应的政策建议。

6.2 环境规制对工业行业产业转型的作用机理

环境规制是政府针对环境污染负外部性所采取的政策措施，以调节工业行业的经营活动，使得污染排放处于生态系统的可承载范围内。在理论模型中用环境规制强度来表示环境规制政策。环境规制对工业行业的影响体现在两方面：一方面环境规制强度的提高会改变工业行业的环境技术调整意愿；另一方面环境规制强度的增加会提高环境税率，提高工业行业污染排放的成本。在理论模型设定中，假设环境技术受环境技术调整意愿和环境技术研发投入共同决定，污染密集行业和清洁行业都可以增加环境技术研发投入来提升环境技术水平，但两类行业在面对环境规制时环境技术调整意愿略有差别。依据行业间要素投入结构的差异来刻画异质性行业在面对环境规制时环境技术调整意愿的差异，参考波特和万（Porter & Van，1995）、张成等（2011）等的研究，假定污染密集行业和清洁行业的环境技术调整意愿与环境规制间均呈现“U”型特征，但清洁行业环境技术调整意愿最低时，对应的环境规制强度要低于污染密集行业环境技术调整意愿最低时的环境规制强度。这是因为要素投入结构中固定资产投资比重越高的行业环境技术调整成本越高，对应的环境技术调整意愿“U”型曲线拐点处对应的环境规制水平也越高。如前所述，环境规制的经济效应体现在资源配置扭曲效应和技术效应两方面。资源配置扭曲效应体现了环境规制的扭曲性，技术效应体现了环境规制的外部性。当环境规制的扭曲性大于外部性时，此时接受税费惩罚、增加要素投入的收益高于减少要素投入、降低税费惩罚的收益，环境规制会抑制工业行业产业转型；当环境规制的外部性大于扭曲性时，增加研发投入带来技术水平提升的收益高于接受要素投入带来税费惩罚的收益，环境规制会促进工业行业产业转型。下面将基于动态一般均衡模型分析环境规制对工业行业产业转型的影响。

6.2.1 理论模型

1. 污染密集行业的生产行为

污染密集行业在生产过程中需要投入资本、劳动和环境资源，同时行业在消耗环境资源的同时会产生污染排放。这里所指的环境资源不仅包括化石能源，也包括土地、水和空气等自然资源，但自然资源不能直接投入生产，需要能源行业的再加工。环境技术由环境技术调整意愿和环境技术研发投入共同决定。如前所述，受机器设备重置成本限制，污染密集行业的环境技术调整意愿呈现“U”型曲线，环境技术调整意愿随着环境规制强度的提升先减弱后增强。因此，污染密集行业的生产函数表示如下：

$$Y_{1t} = \Phi_{1t} A_{1t} K_{1t}^{\alpha_1} L_{1t}^{\beta_1} E_{1t}^{\gamma_1} \tag{6-1}$$

$$\Phi_{1t} = \Phi(\phi_t, K_{1rd,t}) = (\phi_t - \phi_1)^2 \rho_7 K_{1rd,t}^{\rho_8} + \Phi_{10} \tag{6-2}$$

其中，Φ_{1t}表示污染密集行业的环境技术水平，A_{1t}表示污染密集行业的全要素生产率，K_{1t}、L_{1t}、E_{1t}分别表示污染密集行业在生产过程中使用的资本、劳动和环境资源。Φ_{10}是污染密集行业的初始环境技术水平，$K_{1rd,t}$是污染密集行业的环境技术研发投入，ϕ_t 是环境规制强度，ϕ_1 是污染密集行业的环境技术调整意愿 U 型拐点处对应的环境规制水平，$(\phi_t - \phi_1)^2$ 表示污染密集行业的环境技术调整意愿，当环境规制强度低于 ϕ_1，环境技术的调整意愿随着环境规制强度的提升而减弱；当环境规制强度高于 ϕ_1 时，环境技术的调整意愿随着环境规制强度提升而增强。

污染密集行业在环境资源使用过程中产生污染排放，其污染排放方程表示如下：

$$EM_{1t} = \Psi(\Phi_{1t}, E_{1,t}) = \frac{\rho_1 E_{1,t}^{\rho_2}}{\Phi_{1t}} \tag{6-3}$$

其中，$\Psi'_{\Phi}(\Phi_{1t}, E_t) < 0$ 表示环境技术水平越高，在相同环境资源下行业的污染排放量越低；$\Psi'_{E}(\Phi_{1t}, E_t) > 0$ 表示环境资源使用越多，在相同环境技术下行业的污染排放量越高。

政府对污染排放征收环境税，当环境规制强度高时，企业所需承担的税收成本也越高。污染密集行业需对增加环境资源使用带来的税费成本增量与减少环境资源使用带来的税费成本减量进行权衡。同时，为激发环境规制的技术效应，政府会补贴环境技术的研发投入。因此，污染密集行业的利润函数表示如下：

$$\prod_{1t} = P_{1t}Y_{1t} - r_{1t}K_{1t} - w_t L_{1t} - P_t^e E_{1t} - \tau(\phi_t)EM_{1t} - (r_{1rd,t} - v_0)K_{1rd,t} \quad (6-4)$$

其中，$\tau(\phi_t) = \tau + \kappa_0\phi_t^{\kappa_1}(\kappa_0 > 0,\ 0 < \kappa_1 < 1)$ 表示政府对污染排放征收的环境税率与环境规制强度正相关，环境规制强度越高，企业所需承担的税收成本也越高。

通过对污染密集行业利润最大化问题的求解，得出以下一阶条件。

$$\alpha_1 P_{1t}\Phi_{1t}A_{1t}K_{1t}^{\alpha_1-1}L_{1t}^{\beta_1}E_{1t}^{\gamma_1} = r_{1t} \quad (6-5)$$

$$\beta_1 P_{1t}\Phi_{1t}A_{1t}K_{1t}^{\alpha_1}L_{1t}^{\beta_1-1}E_{1t}^{\gamma_1} = \omega_t \quad (6-6)$$

$$\gamma_1 P_{1t}\Phi_{1t}A_{1t}K_{1t}^{\alpha_1}L_{1t}^{\beta_1}E_{1t}^{\gamma_1-1} - P_t^e - \tau(\phi)\frac{\rho_1\rho_2 E_{1,t}^{\rho_2-1}}{\Phi_{1t}} = 0 \quad (6-7)$$

$$P_{1t}(\phi_t - \phi_0)^2\rho_7\rho_8 K_{1rd,t}^{\rho_8-1}A_{1t}K_{1t}^{\alpha_1}L_{1t}^{\beta_1}E_{1t}^{\gamma_1} + \tau(\phi)\frac{\rho_1 E_{1,t}^{\rho_2}}{\Phi_{1t}^2}(\phi_t - \phi_0)^2\rho_7\rho_8 K_{1rd,t}^{\rho_8-1} - (r_{1rd,t} - v_0) = 0 \quad (6-8)$$

式（6－5）和式（6－6）分别表示污染密集行业资本、劳动的使用价格等于其边际产出，式（6－7）表示污染密集行业使用环境资源的边际产出等于环境资源的使用价格与增加环境资源带来环境污染增量对应的税收惩罚成本之和。式（6－8）表示污染密集行业环境技术研发投入的资本使用价格等于环境技术创新带来产出的边际增量、环境技术创新带来的污染排放下降对应税费惩罚成本的减少和政府对污染密集行业的环境技术研发投入补贴之和。

2. 清洁行业的生产行为

清洁行业在生产过程中也需要资本、劳动和环境资源投入进行生产活动，同样在消耗环境资源的同时产生污染排放，其环境技术调整意愿也呈现“U”型特征。但由于清洁行业的综合技术研发能力较强且机器设备重置成本较低，故清洁行业的环境技术调整意愿“U”型曲线拐点处对应的环境规制水平要低于污染密集行业环境技术调整意愿“U”型曲线拐点处对应的环境规制水平。根据波特假说，适当的环境规制政策有助于刺激企业进行技术创新，这里适当的环境规制政策即为超过环境技术调整意愿“U”型曲线拐点处对应的环境规制水平。为激发环境规制的技术效应，政府会补贴环境技术研发投入。因此，清洁行业的生产函数表示如下：

$$Y_{2t} = \Phi_{2t}A_{2t}K_{2t}^{\alpha_2}L_{2t}^{\beta_2}E_{2t}^{\gamma_2} \quad (6-9)$$

$$\Phi_{2t}=\Phi(\phi_t, K_{2rd,t})=(\phi_t-\phi_2)^2\rho_3K_{2rd,t}^{\rho_4}+\Phi_{20} \quad (6-10)$$

其中，Φ_{2t}表示清洁行业的环境技术水平，A_{2t}表示清洁行业的全要素生产率，K_{2t}、L_{2t}、E_{2t}分别表示清洁行业在生产过程中使用的资本、劳动和环境资源。$K_{2rd,t}$是清洁行业的环境技术研发投入，ϕ_t 表示环境规制强度，Φ_{20}表示清洁行业的初始环境技术水平；ϕ_2 是清洁行业的环境技术调整意愿“U”型曲线拐点处对应的环境规制水平，$(\phi_t-\phi_2)^2$ 表示清洁行业的环境技术调整意愿，当环境规制强度低于 ϕ_2，环境技术调整意愿随着环境规制强度的提升而减弱；当环境规制强度高于 ϕ_2 时，环境技术调整意愿随着环境规制强度的提升而增强。

清洁行业既可以提高环境技术水平来降低污染排放，也可以通过降低环境资源使用来降低污染排放，故其污染排放方程为

$$EM_{2t}=\Psi(\Phi_{2t}, E_{2,t})=\frac{\rho_5E_{2,t}^{\rho_6}}{\Phi_{2t}} \quad (6-11)$$

同样，$\Psi'_{\Phi}(\Phi_{2t}, E_t)<0$ 表示环境技术水平越高，在相同环境资源下行业的污染排放量越低；$\Psi'_{E}(\Phi_{2t}, E_t)>0$ 表示环境资源使用越多，在相同环境技术水平下行业的污染排放量越高。

故清洁行业的利润函数可表示为

$$\prod{}_{2t}=P_{2t}Y_{2t}-r_{2t}K_{2t}-w_tL_{2t}-P_t^eE_{2t}-\tau(\phi_t)EM_{2t}-(r_{2rd,t}-\nu_0)K_{2rd,t} \quad (6-12)$$

其中，ν_0 表示政府对环境技术研发投入的补贴率。

通过对清洁行业利润最大化问题的求解，得出以下一阶条件。

$$\alpha_2P_{2t}\Phi(\phi_t, K_{2rd,t})A_{2t}K_{2t}^{\alpha_2-1}L_{2t}^{\beta_2}E_{2t}^{\gamma_2}=r_{2t} \quad (6-13)$$

$$\beta_2P_{2t}\Phi(\phi_t, K_{2rd,t})A_{2t}K_{2t}^{\alpha_2}L_{2t}^{\beta_2-1}E_{2t}^{\gamma_2}=\omega_t \quad (6-14)$$

$$\gamma_2P_{2t}\Phi(\phi_t, K_{2rd,t})A_{2t}K_{2t}^{\alpha_2}L_{2t}^{\beta_2}E_{2t}^{\gamma_2-1}-P_t^e-\tau(\phi_t)\frac{\rho_5\rho_6E_{2,t}^{\rho_6-1}}{\Phi_{2t}}=0 \quad (6-15)$$

$$P_{2t}(\phi_t-\phi_2)^2\rho_3\rho_4K_{2rd,t}^{\rho_4-1}A_{2t}K_{2t}^{\alpha_2}L_{2t}^{\beta_2}E_{2t}^{\gamma_2}+\tau(\phi_t)\frac{\rho_5E_{2,t}^{\rho_6}}{\Phi_{2t}^2}$$
$$(\phi_t-\phi_2)^2\rho_3\rho_4K_{2rd,t}^{\rho_4-1}-(r_{2rd,t}-v_0)=0 \quad (6-16)$$

式（6－13）和式（6－14）分别表示清洁行业资本、劳动的使用价格等于其边际产出，式（6－15）表示清洁行业环境资源的边际产出等于环境资源价格与增加环境资源使用带来环境污染增量对应的税费惩罚成本之和。式（6－16）表示清洁行业的环境技术研发投入资本使用价格等于清洁行业的环境技术创新带来的产出边际增量、环境技术创新带来的污染

排放下降量对应税费惩罚成本的减少和政府对清洁行业的环境技术研发投入补贴之和。

3. 能源行业的生产行为

能源行业通过资本和劳动的投入将自然资源再加工成两类行业所需的环境资源，例如化石原料的开采、水资源的供应和煤炭开采等。能源行业生产的环境资源通过市场机制向污染密集行业和清洁行业提供。因此，能源行业的生产函数表示如下：

$$E_t = A_{3t}K_{3t}^{\alpha_3}L_{3t}^{1-\alpha_3} \tag{6-17}$$

其中，A_{3t}表示能源行业的全要素生产率，K_{3t}、L_{3t}分别表示能源行业在生产过程中使用的资本和劳动。

能源行业的利润函数可表示为

$$\prod_{3t} = P_t^e E_t - r_{3t}K_{3t} - w_t L_{3t} \tag{6-18}$$

通过对能源行业利润最大化问题的求解，得出以下一阶条件。

$$\alpha_3 P_t^e A_{3t}K_{3t}^{\alpha_3-1}L_{3t}^{1-\alpha_3} = r_{3t} \tag{6-19}$$

$$(1-\alpha_3)P_t^e A_{3t}K_{3t}^{\alpha_3}L_{3t}^{-\alpha_3} = \omega_t \tag{6-20}$$

式（6－19）和式（6－20）分别表示能源行业资本、劳动的使用价格等于其边际产出。

4. 公众的消费选择行为

公众通过在消费和储蓄间、消费污染品和清洁品间进行选择，来实现终生效用最大化。公众的目标函数可表示为

$$\max \sum_{t=0}^{\infty}\beta^t\left(\frac{C_{1t}^{1-\sigma_1}}{1-\sigma_1}+\zeta\frac{C_{2t}^{1-\sigma_2}}{1-\sigma_2}\right) \tag{6-21}$$

其中，σ_1、σ_2 分别表示公众对两类产品的跨期替代弹性，β 代表贴现率，ζ 刻画了公众对清洁品的关注程度。

公众的预算约束方程表示为

$$P_{1t}C_{1t} + P_{2t}C_{2t} + Q_tS_t + \prod_t G_t \leqslant r_{1t}K_{1t} + r_{2t}K_{2t} + r_{1rd,t}K_{1rd,t} + r_{2rd,t}K_{2rd,t} + r_{3t}K_{3t} + w_tL_t \tag{6-22}$$

$$S_t = S_{1t}^{\theta_1}S_{2t}^{1-\theta_1} \tag{6-23}$$

$$Q_t = \left(\frac{P_{1t}}{\theta_1}\right)^{\theta_1}\left(\frac{P_{2t}}{1-\theta_1}\right)^{1-\theta_1} \tag{6-24}$$

其中，S_{1t}、S_{2t}分别表示公众对污染品和清洁品的储蓄量，S_t 表示两种商品加总后形成的储蓄量，θ_1 表示两类储蓄品间的替代弹性，Q_t 表示加总储蓄品的价格水平。

通过对公众效用最大化问题求解，可得以下一阶条件：

$$C_{1t}^{-\sigma_1} = \lambda_t P_{1t} \tag{6-25}$$

$$\zeta C_{2t}^{-\sigma_2} = \lambda_t P_{2t} \tag{6-26}$$

$$\beta\lambda_{t+1} r_{1t+1} - \lambda_t Q_t + \beta\lambda_{t+1} Q_{t+1}(1-\delta_1) = 0 \tag{6-27}$$

$$\beta\lambda_{t+1} r_{2t+1} - \lambda_t Q_t + \beta\lambda_{t+1} Q_{t+1}(1-\delta_2) = 0 \tag{6-28}$$

$$\beta\lambda_{t+1} r_{1rd,t+1} - \lambda_t Q_t + \beta\lambda_{t+1} Q_{t+1}(1-\delta_{1rd}) = 0 \tag{6-29}$$

$$\beta\lambda_{t+1} r_{2rd,t+1} - \lambda_t Q_t + \beta\lambda_{t+1} Q_{t+1}(1-\delta_{2rd}) = 0 \tag{6-30}$$

$$\beta\lambda_{t+1} r_{3t+1} - \lambda_t Q_t + \beta\lambda_{t+1} Q_{t+1}(1-\delta_3) = 0 \tag{6-31}$$

式（6-25）和式（6-26）分别表示消费者消费污染品、清洁品所获的边际效用分别等于消费者投资的边际收益，即跨期替代方程。式（6-27）~式（6-31）是欧拉方程，表示企业当期进行资本投资的边际收益与下一期资本投资的边际收益的贴现值相等。

5. 政府预算约束方程

为激发企业环境技术的研发行为，假定政府将全部环境税收收入用于补贴工业企业的环境技术研发投入。因此，政府预算约束方程为

$$\tau(\phi_t)(EM_{1t} + EM_{2t}) = \nu_0(K_{1rd,t} + K_{2rd,t}) \tag{6-32}$$

需特别指出的是，工业行业产业转型目标设定为

$$STR = \frac{Y_2}{Y_1} \tag{6-33}$$

6. 模型求解

结合上述一阶条件、资本形成方程、政府预算约束方程和市场出清条件，可对理论模型进行求解。模型要解决的最优化问题是将有限资源在K_{1t}、L_{1t}、E_{1t}、$K_{1rd,t}$、K_{2t}、L_{2t}、E_{2t}、$K_{2rd,t}$、K_{3t}和L_{3t}之间合理配置，以最大化企业利润和最大化代表性家庭的终生效用。

通过企业的利润最大化、公众的效用最大化和市场出清条件，可以求出以下一阶条件：

$$\alpha_1 P_{1t}\Phi_{1t}A_{1t}K_{1t}^{\alpha_1-1}L_{1t}^{\beta_1}E_{1t}^{\gamma_1} = r_{1t} \tag{6-34}$$

$$\beta_1 P_{1t}\Phi_{1t}A_{1t}K_{1t}^{\alpha_1}L_{1t}^{\beta_1-1}E_{1t}^{\gamma_1} = \omega_t \tag{6-35}$$

$$\gamma_1 P_{1t}\Phi_{1t}A_{1t}K_{1t}^{\alpha_1}L_{1t}^{\beta_1}E_{1t}^{\gamma_1-1} - P_t^e - \tau(\phi_t)\frac{\rho_1\rho_2 E_{1,t}^{\rho_2-1}}{\Phi_{1t}} = 0 \tag{6-36}$$

$$\begin{aligned} & P_{1t}(\phi_t - \phi_0)^{\chi_1}\rho_7\rho_8 K_{1rd,t}^{\rho_8-1}A_{1t}K_{1t}^{\alpha_1}L_{1t}^{\beta_1}E_{1t}^{\gamma_1} + \\ & \tau(\phi_t)\frac{\rho_1 E_{1,t}^{\rho_2}}{\Phi_{1t}^2}(\phi_t - \phi_0)^{\chi_1}\rho_7\rho_8 K_{1rd,t}^{\rho_8-1} - (r_{1rd,t} - v_0) = 0 \end{aligned} \tag{6-37}$$

$$\alpha_2 P_{2t}\Phi(\phi_t, K_{2rd,t})A_{2t}K_{2t}^{\alpha_2-1}L_{2t}^{\beta_2}E_{2t}^{\gamma_2} = r_{2t} \tag{6-38}$$

$$\beta_2 P_{2t}\Phi(\phi_t,\ K_{2rd,t})A_{2t}K_{2t}^{\alpha_2}L_{2t}^{\beta_2-1}E_{2t}^{\gamma_2}=\omega_t \tag{6-39}$$

$$\gamma_2 P_{2t}\Phi(\phi_t,\ K_{2rd,t})A_{2t}K_{2t}^{\alpha_2}L_{2t}^{\beta_2}E_{2t}^{\gamma_2-1}-P_t^e-\tau(\phi)\frac{\rho_5\rho_6E_{2,t}^{\rho_6-1}}{\Phi_{2t}}=0 \tag{6-40}$$

$$P_{2t}\phi_t^{\chi_2}\rho_3\rho_4K_{2rd,t}^{\rho_4-1}A_{2t}K_{2t}^{\alpha_2}L_{2t}^{\beta_2}E_{2t}^{\gamma_2}+\tau(\phi)\frac{\rho_5E_{2,t}^{\rho_6}}{\Phi_t^2}\phi_t^{\chi_2}\rho_3\rho_4K_{2rd,t}^{\rho_4-1}-(r_{2rd,t}-v_0)=0 \tag{6-41}$$

$$\alpha_3P_t^eA_{3t}K_{3t}^{\alpha_3-1}L_{3t}^{1-\alpha_3}=r_{3t} \tag{6-42}$$

$$(1-\alpha_3)P_t^eA_{3t}K_{3t}^{\alpha_3}L_{3t}^{-\alpha_3}=\omega_t \tag{6-43}$$

$$C_{1t}^{-\sigma_1}=\lambda_tP_{1t} \tag{6-44}$$

$$\zeta C_{2t}^{-\sigma_2}=\lambda_tP_{2t} \tag{6-45}$$

$$\beta\lambda_{t+1}r_{1t+1}-\lambda_tQ_t+\beta\lambda_{t+1}Q_{t+1}(1-\delta_1)=0 \tag{6-46}$$

$$\beta\lambda_{t+1}r_{2t+1}-\lambda_tQ_t+\beta\lambda_{t+1}Q_{t+1}(1-\delta_2)=0 \tag{6-47}$$

$$\beta\lambda_{t+1}r_{1rd,t+1}-\lambda_tQ_t+\beta\lambda_{t+1}Q_{t+1}(1-\delta_{1rd})=0 \tag{6-48}$$

$$\beta\lambda_{t+1}r_{2rd,t+1}-\lambda_tQ_t+\beta\lambda_{t+1}Q_{t+1}(1-\delta_{2rd})=0 \tag{6-49}$$

$$\beta\lambda_{t+1}r_{3t+1}-\lambda_tQ_t+\beta\lambda_{t+1}Q_{t+1}(1-\delta_3)=0 \tag{6-50}$$

$$S_t=I_{1t}+I_{2t}+I_{1rd,t}+I_{2rd,t}+I_{3t} \tag{6-51}$$

$$S_{1t}=\frac{\theta_1Q_tS_t}{P_{1t}} \tag{6-52}$$

$$S_{2t}=\frac{(1-\theta_1)Q_tS_t}{P_{2t}} \tag{6-53}$$

$$v_0=\frac{\tau(\phi)(EM_{1t}+EM_{2t})}{(K_{1rd,t}+K_{2rd,t})} \tag{6-54}$$

$$L_{1t}+L_{2t}+L_{3t}=1 \tag{6-55}$$

$$Y_{1t}=C_{1t}+S_{1t} \tag{6-56}$$

$$Y_{2t}=C_{2t}+S_{2t} \tag{6-57}$$

$$E_t=E_{1t}+E_{2t} \tag{6-58}$$

根据上述一阶条件，假定 $P_1=1$，P_2、P_e、ω、K_{1rd}、K_{2rd}、E_1、E_2 已知，则可得以下各变量的均衡值。

由（6－46）式可知，$r_1=\frac{1}{\beta}Q-Q(1-\delta_1)$，其中 $Q=\left(\frac{P_1}{\theta_1}\right)^{\theta_1}\left(\frac{P_2}{1-\theta_1}\right)^{1-\theta_1}$

由（6－47）式可知，$r_2=\frac{1}{\beta}Q-Q(1-\delta_2)$

由（6－48）式可知，$r_{1rd}=\frac{1}{\beta}Q-Q(1-\delta_{1rd})$

由（6－49）式可知，$r_{2rd}=\frac{1}{\beta}Q-Q(1-\delta_{2rd})$

由（6－50）式可知，$r_3=\frac{1}{\beta}Q-Q(1-\delta_3)$

由（6－34）式可知，$\frac{K_1}{Y_1}=\frac{\alpha_1 P_1}{r_1}$，即 $K_1=\frac{\alpha_1 P^e E_1+\alpha_1\tau(\phi)\frac{\rho_1\rho_2 E_1^{\rho_2}}{\Phi_1}}{r_1\gamma_1}$

由（6－35）式可知，$\frac{L_1}{Y_1}=\frac{\beta_1 P_1}{\omega}$，即 $L_1=\frac{\beta_1 P^e E_1+\beta_1\tau(\phi)\frac{\rho_1\rho_2 E_1^{\rho_2}}{\Phi_1}}{\omega\gamma_1}$

由（6－36）式可知，$\frac{E_1}{Y_1}=\frac{\gamma_1 P_1}{P^e+\tau(\phi)\frac{\rho_1\rho_2 E_1^{\rho_2-1}}{\Phi_1}}$，即 $Y_1=\frac{P_t^e E_1+\tau(\phi)\frac{\rho_1\rho_2 E_1^{\rho_2}}{\Phi_1}}{\gamma_1 P_1}$

由（6－38）式可知，$\frac{K_2}{Y_2}=\frac{\alpha_2 P_2}{r_2}$，即 $K_2=\frac{\alpha_2 P^e E_2+\alpha_2\tau(\phi)\frac{\rho_5\rho_6 E_2^{\rho_6}}{\phi^{\chi_2}K_{2rd}^{\rho_3}+1}}{r_2\gamma_2}$

由（6－39）式可知，$\frac{L_2}{Y_2}=\frac{\beta_2 P_2}{\omega}$，即 $L_2=\frac{\beta_2 P^e E_2+\beta_2\tau(\phi)\frac{\rho_5\rho_6 E_2^{\rho_6}}{\phi^{\chi_2}\rho_3 K_{2rd}^{\rho_4}+1}}{\omega\gamma_2}$

由（6－40）式可知，$\frac{E_2}{Y_2}=\frac{\gamma_2 P_2}{P^e+\tau(\phi)\frac{\rho_5\rho_6 E_2^{\rho_6}}{\phi^{\chi_2}\rho_3 K_{rd}^{\rho_4}+1}}$，即

$$Y_2=\frac{P^e E_2+\tau(\phi)\frac{\rho_5\rho_6 E_2^{\rho_6}}{\phi^{\chi_2}\rho_3 K_{rd}^{\rho_4}+1}}{\gamma_2 P_2}$$

由（6－42）式可知，$\frac{K_3}{E}=\frac{\alpha_3 P^e}{r_3}$，即 $K_3=\frac{\alpha_3 P^e}{r_3}(E_1+E_2)$

由（6－43）式可知，$\frac{L_3}{E}=\frac{(1-\alpha_3)P^e}{\omega}$，即 $L_3=\frac{(1-\alpha_3)P^e}{\omega}(E_1+E_2)$

由（6－58）式可知，$E=E_1+E_2$

由（6－51）式可知，

$$S=\delta_1 K_1+\delta_2 K_2+\delta_{1rd}K_{1rd}+\delta_{2rd}K_{2rd}+\delta_3 K_3$$

$$=\delta_1\frac{\alpha_1 P^e E_1+\alpha_1\tau\frac{\rho_1\rho_2 E_1^{\rho_2}}{\Phi_1}}{r_1\gamma_1}+\delta_2\frac{\alpha_2 P^e E_2+\alpha_2\tau\frac{\rho_5\rho_6 E_2^{\rho_6}}{\phi^{\chi_2}\rho_3 K_{rd}^{\rho_4}+1}}{r_2\gamma_2}+$$

$$\delta_{1rd}K_{1rd}+\delta_{2rd}K_{2rd}+\delta_3\frac{\alpha_3P^e}{r_3}(E_1+E_2)$$

由（6－52）式可知，$S_1=\frac{\theta_1QS}{P_1}$

由（6－53）式可知，$S_2=\frac{(1-\theta_1)QS}{P_2}$

由（6－56）式可知，$C_1=Y_1-S_1$

由（6－57）式可知，$C_2=Y_2-S_2$

由（6－43）式可知，$\lambda=\frac{C_1^{-\sigma_1}}{P_1}$

由（6－44）式可知，$C_2^{-\sigma_2}=\frac{C_1^{-\sigma_1}}{P_1}P_2$

为此，仅需求解 P_2、P_e、ω、K_{1rd}、K_{2rd}、E_1、E_2 即可。联立以下六个方程即可解出 P_2、P_e、ω、K_{1rd}、K_{2rd}、E_1、E_2。

$$\begin{cases}Y_1=\Phi_1A_1K_1^{\alpha_1}L_1^{\beta_1}E_1^{\gamma_1}\\ \frac{Y_1P_1(\phi-\phi_0)^{\chi_1}\rho_7\rho_8K_{1rd}^{\rho_8-1}}{(\phi-\phi_0)^{\chi_1}\rho_7K_{1rd}^{\rho_8}+1}=-\tau(\phi)\frac{\rho_1E_1^{\rho_2}}{((\phi-\phi_0)^{\chi_1}\rho_7K_{1rd}^{\rho_8}+1)^2}\times\\ \qquad(\phi-\phi_0)^{\chi_1}\rho_7\rho_8K_{1rd}^{\rho_8-1}+r_{1rd}-v_0\\ \frac{Y_2P_2\phi^{\chi_2}\rho_3\rho_4K_{2rd}^{\rho_4-1}}{\phi^{\chi_2}\rho_3K_{2rd}^{\rho_4}+1}=-\tau(\phi)\frac{\rho_5E_2^{\rho_6}}{(\phi^{\chi_2}\rho_3K_{2rd}^{\rho_4}+1)^2}\phi^{\chi_2}\rho_3\rho_4K_{2rd}^{\rho_4-1}+r_{2rd}-v_0\\ Y_2=(\phi^{\chi_2}\rho_3K_{rd}^{\rho_4}+1)A_2K_2^{\alpha_2}L_2^{\beta_2}E_2^{\gamma_2}\\ C_2^{-\sigma_2}=\frac{C_1^{-\sigma_1}}{P_1}P_2\\ E=A_3K_3^{\alpha_3}L_3^{1-\alpha_3}\\ L_1+L_2+L_3=1\end{cases}\tag{6-59}$$

通过求解，发现 P_2、P_e、ω、K_{1rd}、K_{2rd}、E_1、E_2 间呈较为复杂的非线性关系，无法求出这 7 个变量均衡值的显示解。方程组（6－34）给出了这 7 个均衡值及其他相关参数之间的隐函数关系，是模型均衡解的“稳态方程组”。模型稳态下的工业行业产业结构是本章建立的理论框架下的最优产业结构，因为该产业结构同时实现了企业利润最大化和代表性家庭终身效用最大化，也就是实现社会福利最大化。从稳态方程组（6－59）来看，最优产业结构是由模型中各参数同时决定的，即最优产业结构是环境规制政策的函数，这就表明工业产业转型取决于政府的环境规制政策。当环境规制的资源配置扭曲效应强于技术效应时，环境规制会抑制工业行业产业转型；当环境规制的技术效应强于资源配置扭曲效应时，环境规制会促进工业行业产业转型。但无法从稳态方程组中发现环境规制政策对最优产业结构的具体影响，因为在稳态方程组中，不仅存在十几个外生参数，而且各参数与变量间呈现复杂的非线性关系，需要借助 Matlab 软件通过模拟运算的方法来分析环境规制的资源配置扭曲效应和技术效应的相对大小，以及环境规制对工业行业产业转型的影响机理。

6.2.2 参数校准

1. 清洁行业与污染密集行业的划分

工业行业的细分标准参照《中国工业经济统计年鉴》中的行业分类，需要说明的是，由于工艺品及其他制造业、废弃资源和废旧材料回收加工业以及其他采矿业部分年份的数据缺失，将这 3 个子行业予以剔除。此外，由于年鉴中不同年份的工业行业分类标准有所变化，为保持统计口径一致，将塑料制品业与橡胶制品业进行合并为塑料橡胶制品业。经上述调整后，形成 35 个工业子行业。参考阿科波斯坦奇等人（Akbostanci et al，2007）、陆旸（2009）研究，以各行业污染排放强度的中位数作为划分依据将所有的工业行业（35 个）划分为清洁行业（17 个）和污染行业（18 个）。其中，污染排放强度（EMI）的计算方法如下：

（1）计算每个行业的污染物单位产值的污染排放，即 $UE_{ij}=E_{ij}/Y_i$，其中，E_{ij}为行业 i 的主要污染物 j 的排放量，Y_i 为各行业的工业总产值；

（2）对各行业单位产值的污染排放进行标准化处理：$UE'_{ij}=\frac{UE_{ij}-\min(UE_j)}{\max(UE_j)-\min(UE_j)}$，其中，$UE_{ij}$为各行业单位产值的污染排放原始值，$\max(UE_j)$ 和 $\min(UE_j)$ 分别表示主要污染物 j 在所有行业中的最大值和最小值，UE'_{ij}为各行业单位产值污染排放的标准化值；

（3）将各种污染排放得分等权重加权平均，计算“三废”的平均得分，即可求得各行业的污染排放强度。表 6－1 为清洁行业和污染密集行业的具体划分。

表6-1　　清洁行业和污染行业划分

	清洁行业（17）		污染密集行业（18）
1	电气机械及器材制造业	1	食品制造业
2	文教体育用品制造业	2	农副食品加工业
3	印刷业和记录媒介的复制	3	纺织业
4	通信设备、计算机及其他电子设备制造业	4	燃气生产和供应业
5	家具制造业	5	饮料制造业
6	纺织服装、鞋、帽制造业	6	石油加工、炼焦及核燃料加工业
7	通用设备制造业	7	水的生产和供应业
8	烟草制品业	8	有色金属冶炼及压延加工业
9	交通运输设备制造业	9	化学原料及化学制品制造业
10	仪器仪表及文化、办公用机械制造业	10	化学纤维制造业
11	专用设备制造业	11	非金属矿采选业
12	金属制品业	12	黑色金属冶炼及压延加工业
13	皮革、毛皮、羽毛（绒）及其制品业	13	煤炭开采和洗选业
14	石油和天然气开采业	14	非金属矿物制造业
15	木材加工及木、竹、藤、棕、草制品业	15	造纸及纸制品业
16	橡胶塑料制品业	16	电力、热力的生产和供应业
17	医药制造业	17	黑色金属矿采选业
		18	有色金属矿采选业

2. 环境规制强度计算

已有文献主要从六个方面来测度环境规制强度（张成等，2011）：一是从环境规制政策的角度来考察环境规制强度的高低；二是用治理污染设施的运行费用来衡量；三是用治污投资占企业总成本或产值的比重来衡量；四是用环境规制机构对企业排污的检查和监督次数衡量；五是将人均收入水平作为衡量内生环境规制强度的指标；六是用环境规制下的污染排放量来度量。考虑到行业数据的可获得性，采用第三和第六两种方法来度量环境规制强度。从治污设施运行费用的角度，采用沈能（2012）等的做法，选用各工业行业污染治理运行费用占工业产值的比重（*ERI*1）作为环境规制强度的代理变量，由于《中国环境统计年报》中各工业行业的固体废物治理运行费用数据并未统计，因而污染治理运行总费用包括各行业工业废水和废气的治理运行费用。从污染排放量角度，借鉴王文普

（2013）的做法，指标的计算方法是：先计算 SO_2 处理率（工业 SO_2 去除量/(工业 SO_2 排放量 + 工业 SO_2 去除量)）和废水排放达标率（工业废水达标排放量/工业废水排放量）两个子项，然后通过标准化将其转换成 0 ~ 1 值，最后通过求算术平均计算出合成指标（ERI2）作为环境规制强度的测度①。各环境变量的原始数据均来自各年的《中国环境统计年报》，各行业工业产值来自历年的《中国工业经济统计年鉴》。

3. 污染密集行业和清洁行业的生产函数估算

采用我国省际面板数据样本（考虑到西藏数据的缺失，剔除了西藏）来估计清洁行业、污染密集行业和能源行业（考虑到能源行业数据较难获取，用煤炭开采业来替代能源产业）的生产函数。同时，将污染密集行业和清洁行业的全要素生产率分解得出技术进步变化，并对两类行业的 R&D 投入进行回归，结果见表 6 - 2。

表 6 - 2　　生产函数及技术创新回归结果

参数	污染密集行业		清洁行业		能源企业
	生产函数	技术创新	生产函数	技术创新	生产函数
	$\ln Y_{1t}$	$\ln \Phi_{1t}$	$\ln Y_{2t}$	$\ln \Phi_{2t}$	$\ln E_t$
$\ln K_{jt}$	0. 5269 *** (0. 1029)	0. 2396 *** (0. 0768)	0. 5498 *** (0. 0747)	0. 3512 *** (0. 0896)	0. 2060 *** (0. 0416)
$\ln L_{jt}$	0. 0636 * (0. 0365)	—	0. 1898 ** (0. 0754)	—	0. 8022 *** (0. 0632)
$\ln E_{jt}$	0. 4602 *** (0. 1188)	—	0. 2603 ** (0. 0999)	—	—
C	- 2. 7246 ** (1. 0437)	0. 9715 *** (0. 2691)	- 1. 5689 ** (0. 6292)	1. 2145 *** (0. 3257)	- 3. 9289 ** (1. 8849)

说明：（1） *** 、 ** 和 * 分别表示在 1% 、5% 和 10% 水平上显著，括号内为标准差；（2）$\ln Y_{jt}(j=1，2)$ 分别表示对应行业的产出，$\ln K_{jt}(j=1，2，3，1rd，2rd)$ 分别表示对应行业的资本投入或 R&D 研发投入，$\ln L_{jt}(j=1，2，3)$ 分别表示对应行业的劳动投入，$\ln E_{jt}(j=1，2)$ 分别表示对应行业的能源使用，$\ln \Phi_{jt}(j=1，2)$ 分别表示污染密集行业、清洁行业的技术创新。

4. 污染排放函数的估算

考虑到工业废水排放量、工业二氧化硫排放量和工业固体废物排放量中废水和固废数据存在缺失，分别使用污染密集行业和清洁行业的工业二

① 由于多数行业的工业固体废物排放量数据缺失，这里只考虑工业废水和二氧化硫的排放量数据。

氧化硫排放量作为污染排放量的代理变量，将污染密集行业和清洁行业的能源消耗量对污染排放量做回归，结果见表6-3。

表6-3　　污染排放函数回归结果

参数	污染密集行业	清洁行业
	$\ln EM_{1t}$	$\ln EM_{2t}$
$\ln\Phi_{jt}$	-0.0102 (0.1160)	-0.0156 * (0.0087)
$\ln E_{jt}$	0.7188 *** (0.0407)	0.6902 *** (0.0421)
C	6.5605 *** (0.3397)	6.7641 *** (0.3461)

说明：（1）***、** 和 * 分别表示在1%、5%和10%水平上显著，括号内为标准差；（2）$\ln EM_{jt}(j=1, 2)$ 分别表示对应行业的污染排放，$\ln E_{jt}(j=1, 2)$ 分别表示对应行业的能源使用，$\ln\Phi_{jt}(j=1, 2)$ 分别表示对应行业的技术水平。

5. 模型其余参数的设定

由于政府绿色采购、消费者的消费数据难以获得，借鉴董直庆等（2014）、阿西莫格鲁等人（Acemoglu et al, 2012）及黄茂兴和林寿富（2013）等文献给出模型其余参数的设定，具体如下：$\beta=0.99$，$\theta_1=6.8$，$\theta_2=0.015$，$\delta_1=0.2$，$\delta_2=0.15$，$\delta_{rd}=0.2$，$\delta_3=0.2$，$\sigma_1=5$，$\sigma_2=4$。

6.3　环境规制对工业行业产业转型影响的政策模拟

6.3.1　环境规制的经济效应分析

环境规制政策的经济效应体现在资源配置扭曲效应和技术效应两方面，资源配置扭曲效应和技术效应同时存在于污染密集行业和清洁行业中，但两类行业中资源配置扭曲效应和技术效应相对大小取决于两类行业的要素投入结构。基于前面对工业行业的分类，污染密集行业的固定资产投资均值约为清洁行业固定资产投资均值的3倍。要素投入结构中固定资产投资比重越高的行业环境技术调整成本越高，工业行业对环境规制的容忍水平越高，通过增加生产要素投入获取经济产出以抵消环境规制成本上升的激励越强，资源配置扭曲效应越强；反之，要素投入结构中固定资产投资比重越低的行业环境技术调整成本越低，工业行业对环境规制的容忍水平越低，工业行业通过增加环境技术研发投入来降低单位产出污染排放量的激励越强，技术效应越强。当环境规制的资源配置扭曲效应强于技术效应时，工业行业的技术水平下降；反之，当环境规制的技术效应强于资源配置扭曲效应时，工业行业的技术水平上升。

图 6－1 为环境规制政策的经济效应分析。如图 6－1 所示，环境规制对污染密集行业的技术水平作用呈现“J”型特征，而环境规制政策对清洁行业技术水平的影响呈现边际影响严格递增的特征，即为“J”型特征的右半段。对于污染密集行业来说，当环境规制强度较低时，污染密集行业受制于要素投入结构差异引发的环境技术调整成本，选择增加生产要素投入，挤占环境技术研发投入，带来工业行业技术水平的降低；当环境规制强度进一步提升时，环境税率加速上升，污染密集行业增加要素投入获得的经济产出难以抵消环境规制成本的提高，同时环境技术的研发投入补贴对污染密集行业环境技术研发的激励效应增强，污染密集行业会增加环境技术研发投入提升技术水平，降低单位产出的污染排放，规避环境规制成本的提升。而就清洁行业而言，要素投入结构中固定资产投入比重较低，环境技术调整成本较低，环境技术调整意愿较强，当环境规制强度提升时，清洁行业会增加环境技术的研发投入提升技术水平，降低污染排放，规避环境规制成本的提升。同时，随着环境规制强度的提升，环境技术研发投入的技术激励效应加速增强，环境规制政策对清洁行业技术水平的影响呈现边际影响严格递增的特征，即为“J”型特征的右半段。

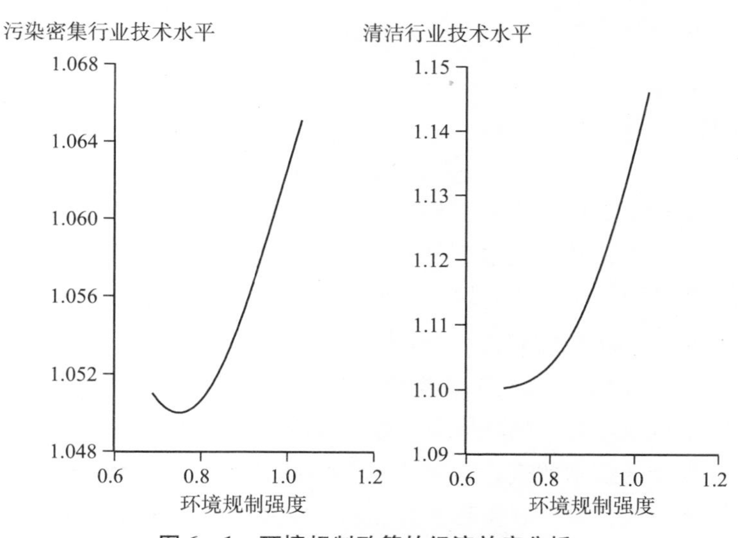

图 6－1　环境规制政策的经济效应分析

6.3.2 环境规制对工业行业产业转型的作用分析

环境规制对工业行业产业转型的作用由环境规制对污染密集行业和清洁行业经济产出影响的相对大小决定。若环境规制政策的实施同时降低两类行业的经济产出，当清洁行业经济产出的减少量低于污染密集行业经济产出的减少量时，环境规制促进了工业行业产业转型；反之，当清洁行业经济产出的减少量高于污染密集行业经济产出的减少量时，环境规制抑制了工业行业产业转型。若环境规制政策的实施同时提高两类行业的经济产出，当清洁行业经济产出的增加量高于污染密集行业经济产出的增加量时，环境规制促进了工业行业产业转型；反之，当清洁行业经济产出的增加量低于污染密集行业经济产出的增加量时，环境规制抑制了工业行业产业转型。而环境规制对污染密集行业和清洁行业经济产出的影响方向取决于要素投入结构差异导致的环境规制政策经济效应的差异。因此，需要从两个方面对环境规制与工业行业产业转型的关系分析，一是分析环境规制对工业行业产出的作用方向，二是分析环境规制对污染密集行业和清洁行业经济产出影响的相对大小。

当环境规制强度提升时，环境税率提高，环境规制成本必然上升。当环境规制成本上升时，短期内环境税的扭曲效应必然导致经济产出的下降，但经济产出的下降量取决于环境规制的资源配置扭曲效应和技术效应的相对大小。长期来看，如果工业行业进行技术创新，其经济产出可能提高。当资源配置扭曲效应强于技术效应时，工业行业技术水平下降，其经济产出必将下降。当技术效应强于资源配置扭曲效应时，工业行业会增加环境技术的研发投入进而提升技术水平，降低污染排放和规避环境规制成本。但在技术效应占优之初，环境技术研发投入的增加是以挤占生产要素投入为代价，经济产出必然下降，直至工业行业技术水平上升带来经济产出的增加量要多于环境技术研发投入量时，随着生产要素投入增加，经济产出提高。因此，环境规制对工业行业产出的影响也呈现“J”型特征，但J型最低点处对应的环境规制水平要高于环境规制对工业行业技术水平影响的“J”型曲线底部对应的环境规制水平。

图6-2给出了环境规制政策对工业行业经济产出的影响。如前所述，就污染密集行业而言，当环境规制程度较低时，环境规制政策的资源配置扭曲效应强于其技术效应；当环境规制强度高于“J”型曲线拐点对应的环境规制水平时，环境规制政策的技术效应强于资源配置扭曲效应。就清洁行业而言，环境规制政策的技术效应始终强于其资源配置扭曲效应。因

此，环境规制政策对污染密集行业、清洁行业经济产出的影响均呈现“J”型特征，且污染密集行业“J”型曲线底部对应的环境规制水平要高于清洁行业“J”型曲线底部对应的环境规制水平。

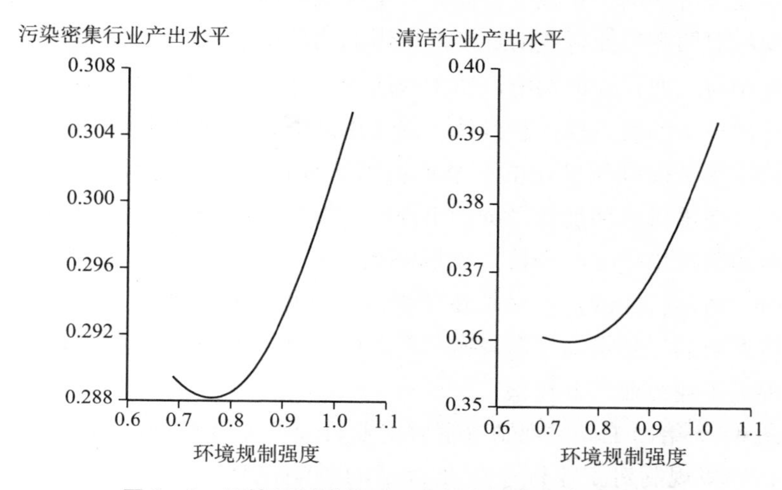

图 6－2　环境规制政策对工业行业经济产出的影响

下面来分析环境规制对污染密集行业和清洁行业的经济产出影响的相对大小。如前文所述，经济产出的下降量取决于环境规制的资源配置扭曲效应和技术效应的相对大小。在资源配置扭曲效应占优时，工业行业经济产出的下降量要低于其不增加生产要素投入时的下降量；在技术效应占优之初，工业行业经济产出的下降量要高于其不增加技术研发投入时的下降量。这是因为工业行业应对环境规制政策的反应改变了环境税的扭曲效应，资源配置扭曲效应占优时生产要素投入的增加减弱了环境税的扭曲效应，技术效应占优时研发投入的增加（生产要素投入的减少）增强了环境税的扭曲效应。因此，在环境规制对工业行业经济产出影响的“J”型曲线下降阶段，环境规制对污染密集行业的影响以资源配置扭曲效应为主，污染密集行业用生产要素投入的增加来抵消环境规制成本的上升，即通过减少环境技术研发投入来增加生产要素投入，其经济产出的下降量要低于不增加生产要素投入时经济产出的下降量；而清洁行业用环境技术研发投入的增加来规避环境规制成本的上升，即通过减少生产要素投入来增加环境技术研发投入，其经济产出的下降量高于环境技术研发投入不增加时的产出下降量。也就是说，在环境规制对工业行业经济产出影响的“J”型曲线下降阶段，污染密集行业经济产出的下降量低于清洁行业经济产出的下降量，因此，环境规制抑制了工业行业产业转型。

当环境规制强度高于环境规制对清洁行业的经济产出影响的“J”型曲线底部对应的环境规制强度时，清洁行业的经济产出开始增加，而污染密集行业经济产出仍在减少，此时环境规制会促进工业行业产业转型。在环境规制对两类工业行业的经济产出影响均处于“J”型曲线上升阶段时，环境规制对工业行业的影响以技术效应为主，污染密集行业和清洁行业会增加环境技术的研发投入提升技术水平以降低环境规制成本。同时，工业行业技术水平提升所带来的经济产出增量要高于环境技术的研发投入增量，生产要素投入增加，经济产出提高。然而，当环境规制强度超过环境规制对污染密集行业的经济产出影响的“J”型曲线底部对应的环境规制强度时，清洁行业的技术水平在环境规制强度增加过程中已经得到积累，其经济产出的增加量高于污染密集行业的经济产出的增加量，此时环境规制会促进工业行业产业转型。

图 6－3 给出了环境规制政策对工业行业产业转型的影响。如图 6－3 所示，环境规制对工业行业产业转型的影响呈现“J”曲线特征，当环境规制水平较低时，环境规制强度的提升会抑制产业转型；当环境规制强度超过临界值后，环境规制会促进产业转型。环境规制对工业行业产业转型影响的“J”型曲线底部对应的环境规制强度介于环境规制对清洁行业经济产出影响的“J”型曲线底部对应的环境规制强度和环境规制对污染密集行业经济产出影响的“J”型曲线底部对应的环境规制强度之间。

综上可知，环境规制政策的经济效应体现在资源配置扭曲效应和技术效应两个方面，受要素投入结构差异的影响，污染密集行业和清洁行业中资源配置扭曲效应和技术效应的相对大小存在差异。就污染密集行业而言，当环境规制水平较低，环境规制政策的资源配置扭曲效应强于技术效应；当环境规制水平较高时，环境规制政策的技术效应强于资源配置扭曲效应。就清洁行业而言，环境规制政策的技术效应始终强于资源配置扭曲效应。环境规制对工业行业产业转型的影响程度由环境规制对污染密集行业和清洁行业经济产出影响的相对大小决定，可以看出，环境规制对工业行业产业转型的作用呈现出“J”型曲线特征。因此，政府的环境规制政策制定需要以激励技术效应、抑制资源配置扭曲效应为目标，最终实现工业行业产业转型。因此，本章提出环境规制政策对工业行业产业转型影响的命题。

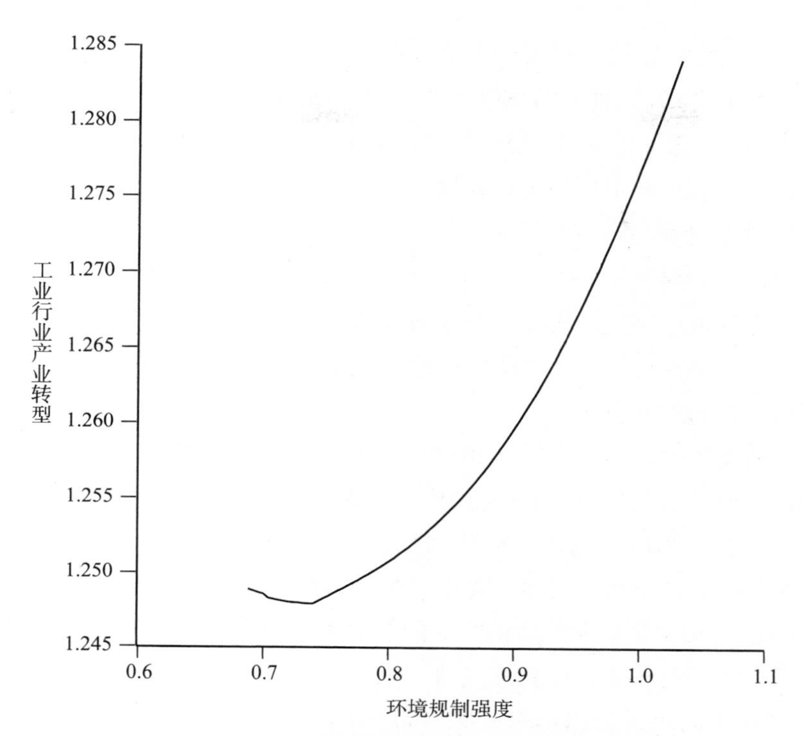

图 6－3　环境规制政策对工业行业产业转型的影响

命题 1：受要素投入结构差异的影响，污染密集行业和清洁行业中资源配置扭曲效应和技术效应的比重不同。环境规制对污染密集行业技术水平的影响呈现“J”型特征，而环境规制对清洁行业技术水平的影响呈现边际影响严格递增的特征，即为“J”型特征的右半段。

命题 2：环境规制对工业行业产业转型的影响呈现“J”型特征，并且环境规制对工业行业产业转型影响的“J”型曲线底部对应的环境规制强度介于环境规制对清洁行业经济产出影响的“J”型曲线底部对应的环境规制强度和环境规制对污染密集行业经济产出影响的“J”型曲线底部对应的环境规制强度之间。

6.4　环境规制对工业行业产业转型影响的实证分析

6.4.1　数据来源与变量说明

1. 数据来源

本部分以我国省际工业行业为研究对象，使用 2002 ~ 2012 年我国 30

个省区市的面板数据（考虑到西藏数据的缺失，剔除了西藏）进行实证分析，样本量为330。样本数据来源于历年《中国科技统计年鉴》《中国工业经济统计年鉴》《中国环境统计年报》《中国统计年鉴》，《新中国60年统计资料汇编》和中经网统计数据库。

2. 变量计算与说明

（1）产业结构。

本部分重点研究工业行业产业结构转型，产业结构变量采用清洁行业总产值与污染密集行业总产值之比进行度量。

（2）环境规制强度。

如前文所述，参考沈能（2012）等的研究，选用各行业污染治理运行费用占工业产值的比重（*ERI*1）作为环境规制强度的代理变量，并采用借鉴王文普（2013）的做法所构建的污染排放强度指标（*ERI*2）对实证结果进行稳健性分析，具体变量说明参考参数校准部分。

（3）污染密集行业和清洁行业的全要素生产率。

采用清洁行业和污染密集行业的投入产出数据（2002～2012年我国30个省区市的面板数据样本）来计算各产业的全要素生产率，计算公式由参数校准部分的估算结果导出，计算方法如下：

污染密集行业的全要素生产率为

$$PTFP = \ln Y_{1t} + 2.7246 - 0.5269\ln K_{1t} - 0.0636\ln L_{1t} - 0.4602\ln E_{1t} \tag{6-60}$$

清洁行业的全要素生产率为

$$CTFP = \ln Y_{2t} + 1.5689 - 0.7714\ln K_{2t} - 0.2663\ln L_{2t} - 0.3652\ln E_{2t} \tag{6-61}$$

（4）控制变量。

财政支出占比（*GOV*）是指财政支出占GDP的比重，数据来源于《新中国60年统计资料汇编》以及“中经网统计数据库”。所有制结构（*Nat*）对产业结构转型的影响在理论上存在争议，但它仍是最为广泛讨论的因素之一。采用国有及国有控股企业总产值和规模以上企业工业总产值的比重来度量各省市的工业企业国有化程度，即所有制结构，数据来源于历年的《中国工业经济统计年鉴》。城市化率（*City*）是城镇人口占总人口的比例，数据来源于“中经网统计数据库”。外贸依存度（*Trad*）是进出口总额占GDP比重，数据来源于“中经网统计数据库”以及《新中国60年统计资料汇编》。各指标变量的描述性统计如表6-4所示。

表 6-4　　　　变量的描述性统计

变量	含义	样本量	均值	标准差	最小值	最大值
Str	产业结构	330	0.7159	0.7666	0.0489	11.7349
CTFP	清洁行业全要素生产率	330	2.0138	0.9194	-3.1682	4.5983
PTFP	污染行业全要素生产率	330	1.7738	0.7873	-1.9923	3.7402
*ERI*1	环境规制强度 1	330	0.3547	0.2095	0.0826	1.6622
*ERI*2	环境规制强度 2	330	0.7017	0.1677	0.0000	0.9204
Gov	财政支出占比	330	0.1767	0.0749	0.0772	0.5792
Nat	国有经济占比	330	0.4752	0.2009	0.1073	0.8712
City	城镇化率	330	0.42815	0.1736	0.0000	0.8930
Trad	外贸依存度	330	0.3351	0.4206	0.0357	1.7215

6.4.2　实证研究模型

1. 经济效应分析

本部分构建面板数据模型来检验环境规制的经济效应，污染密集行业（*PTFP*）和清洁行业（*CTFP*）的全要素生产率为被解释变量，环境规制强度（*ERI*）为解释变量。为了考察环境规制对工业行业技术水平影响的非线性特征，模型中加入环境规制强度的平方项。在考虑其他控制变量的基础上，本章设定的实证模型为

$$CTFP_{it} = \beta_0 + \beta_1 ERI_{it} + \beta_2 ERI_{it}^2 + \alpha X_{it} + V_i + \varepsilon_{it} \qquad (6-62)$$

$$PTFP_{it} = \gamma_0 + \gamma_1 ERI_{it} + \gamma_2 ERI_{it}^2 + \alpha X_{it} + V_i + \varepsilon_{it} \qquad (6-63)$$

其中，i 表示我国 30 个省区市（西藏除外），$i=1, 2, \cdots, 30$，t 表示各个年份，$t=2002, 2004, \cdots, 2012$，$CTFP_{it}$是清洁行业的全要素生产率变化，$PTFP_{it}$是污染密集行业的全要素生产率变化，$ERI_{it}$是环境规制强度。$X_{it}$是控制变量，包括财政支出占比（$Gov_{it}$）、所有制结构（$Nat_{it}$）、城镇化率（$City_{it}$）和外贸依存度变量（$Trad_{it}$），$V_i$ 为个体效应，ε_{it}是随机扰动项。

2. 环境规制对工业行业产业转型的影响

本部分构建面板数据模型来检验环境规制强度对中国工业行业产业转型的影响。环境规制强度为解释变量，产业结构为被解释变量。已有文献对环境规制与技术创新关系的观点存在分歧，为了考察环境规制对工业行业产业结构转型影响的非线性特征，将环境规制强度的平方项纳入模型。在考虑其他控制变量的基础上，本章设定的实证模型为

$$Str_{it} = \theta_0 + \theta_1 ERI_{it} + \theta_2 ERI_{it}^2 + \eta X_{it} + V_i + \varepsilon_{it} \tag{6-64}$$

其中，i 表示我国 30 个省区市（西藏除外），$i=1$，2，…，30，t 表示各个年份，$t=2002$，2004，…，2012，Str_{it} 表示工业行业产业结构，ERI_{it} 表示环境规制强度，X_{it} 是控制变量，包括财政支出占比（Gov_{it}）、所有制结构（Nat_{it}）、城镇化率（$City_{it}$）和外贸依存度变量（$Trad_{it}$），V_i 为个体效应，ε_{it} 是随机扰动项。

6.4.3 实证结果及分析

在计量模型中，内生变量和外生变量的区分是实证分析的关键。在各解释变量中，环境规制强度是用各行业污染治理运行费用占工业产值的比重来衡量的，而各行业污染治理运行费用与各行业全要素生产率及产业结构间可能存在双向因果关系，即环境规制强度变量属于内生性变量，如果采用一般的面板数据模型回归，所得到的回归结果可能是有偏的。因此，参考白重恩等（2008，2009）的方法，采用阿雷拉诺和博韦尔（Arellano & Bover，1995）提出的系统广义矩法（System GMM）方法对上述模型进行估计。系统 GMM 方法能够解决被解释变量的滞后项与模型中随机扰动项的相关性问题，同时缓解内生性问题，因而成为估计面板数据模型的有效方法。在实证分析中，系统 GMM 方法估计需要通过两个检验：一是 Arellano - Bond 提出的对差分方程随机扰动项的二阶序列相关检验；二是 Hansen 过度识别约束检验工具变量的有效性。此外，鉴于中国各区域工业行业发展的差异性特征，本节将分别对全国、东部地区、中部地区和西部地区①的面板数据样本进行实证分析，以期研究环境规制政策对工业行业产业转型影响的区域性差异。

1. 经济效应分析

本书采用系统 GMM 方法对式（6 - 62）和式（6 - 63）进行估计，结果见表 6 - 5 和表 6 - 6。如表 6 - 5 和表 6 - 6 所示，对模型设定的检验结果表明所有区域至少在 5% 的显著性水平下，AR（1）显著而 AR（2）不显著，或 AR（1）和 AR（2）均不显著，说明模型至多存在一阶自相关、但不存在二阶自相关，系统 GMM 方法是适用的。Sargan 检验和 Hansen 检验结果表明，模型的总体矩条件成立，工具变量的选择整体上也是有效的。

---

① 参照《中国科技统计年鉴》分组方式，本书将 30 个省区市分成东部、中部和西部三个组，东部地区包括北京、天津、河北、辽宁、上海、江苏、浙江、福建、山东、广东和海南 11 个省市，中部地区包括山西、吉林、黑龙江、安徽、江西、河南、湖北和湖南 8 个省，西部地区包括内蒙古、广西、重庆、四川、贵州、云南、陕西、甘肃、青海、宁夏和新疆 11 个省区市。

表 6-5　　污染密集行业环境规制的经济效应分析：GMM-SYS 估计

变量名称	全国	东部	中部	西部
*ERI*1	-8.7429** (4.0251)	-17.1454*** (6.5664)	-68.5459** (34.8314)	-12.6573*** (4.1067)
*ERI*1^2	7.5888** (3.7758)	24.1534** (11.1398)	39.2405** (19.5344)	7.0627*** (2.1439)
Nat	-3.8879*** (1.3418)	-0.9124 (0.7531)	13.6399* (7.5849)	-3.6113*** (0.8975)
Gov	3.6195*** (1.2412)	2.0307 (6.7849)	19.7300*** (7.5625)	6.9156** (3.2976)
City	1.4516** (0.6436)	1.2893* (0.7426)	-4.6803** (2.3499)	-9.1506*** (3.1735)
Trad	-1.8599** (0.8810)	-0.9753*** (0.3610)	-6.9894 (6.4590)	4.4587** (1.8604)
Constant	4.8179*** (1.4296)	4.3948*** (1.2045)	12.5045** (5.4624)	9.0690*** (1.7592)
拐点	**0.5760**	**0.3549**	**0.8734**	**0.8961**
地区变量	有	有	无	有
年份变量	有	有	有	无
样本容量	330	121	88	121
Sargan 检验	6.49 (0.371)	18.59 (0.017)	23.90 (0.158)	5.00 (0.544)
Hansen 检验	9.49 (0.148)	8.63 (0.375)	0.73 (1.000)	8.03 (0.236)
AR（1）检验	-1.53 (0.125)	-2.62 (0.009)	-1.52 (0.128)	-2.69 (0.007)
AR（2）检验	-0.27 (0.789)	-1.30 (0.195)	0.73 (0.466)	-1.30 (0.194)

说明：Sargan 检验、AR（1）检验、AR（2）检验括号内报告的是概率 p 值，其余变量括号内报告的是标准差；***、** 和 * 分别表示在 1%、5% 和 10% 水平上显著。

表 6-6　　清洁行业环境规制的经济效应分析：GMM-SYS 估计

变量名称	全国	东部	中部	西部
*ERI*1	-9.3316*** (1.0355)	-18.8236** (7.4400)	-6.0085** (2.9353)	-4.406*** (1.5362)
*ERI*1^2	9.3338*** (1.2228)	43.8061** (17.5555)	5.8722** (2.8942)	4.8460*** (1.7637)

续表

变量名称	全国	东部	中部	西部
Nat	-3.5321*** (0.3313)	1.4279 (1.1848)	-4.1056*** (1.5204)	-2.715*** (0.4395)
Gov	2.8237*** (1.0636)	-20.3556* (10.5020)	-43.7015** (21.5522)	0.5173 (1.7616)
City	0.9157** (0.4348)	4.3726*** (1.4946)	2.2722** (1.1233)	2.1695*** (0.6261)
Trad	-0.8476** (0.3971)	0.5493* (0.3241)	27.6121** (13.7253)	2.3558** (0.9733)
Constant	4.8465*** (0.3073)	3.2668*** (0.7690)	8.2684*** (2.9119)	2.9440*** (0.5984)
拐点	**0.4999**	**0.2149**	**0.5116**	**0.4546**
地区变量	有	有	有	有
年份变量	有	有	有	有
样本容量	330	121	88	121
Sargan 检验	6.92 (0.437)	13.21 (0.510)	18.46 (0.048)	10.92 (0.364)
Hansen 检验	4.65 (0.703)	2.38 (1.000)	0.45 (1.000)	7.99 (0.630)
AR（1）检验	-1.81 (0.071)	-2.37 (0.018)	-1.10 (0.271)	-1.80 (0.072)
AR（2）检验	-1.43 (0.154)	-1.59 (0.113)	-1.79 (0.073)	-1.15 (0.249)

说明：Sargan 检验、AR（1）检验、AR（2）检验括号内报告的是概率 p 值，其余变量括号内报告的是标准差；***、** 和 * 分别表示在 1%、5% 和 10% 水平上显著。

表 6-5 是 GMM-SYS 估计所得的污染密集行业环境规制的经济效应分析结果。如表 6-5 所示，无论是污染密集行业还是清洁行业，至少在 5% 显著性水平下，全国、东部地区、中部地区和西部地区环境规制强度系数显著为负，环境规制强度二次项系数显著为正，这表明环境规制政策对技术水平的影响呈现“J”型特征，即在环境规制程度较低时，环境规制政策会抑制技术创新；相反，环境规制政策会促进技术创新。原因在于当环境规制强度较弱时，企业往往从短期利润考虑挤占技术研发投入进行污染治理或增加生产要素投资，继而降低企业短期技术水平；当环境规制

强度较高时，企业的被动治理污染长期成本过高且效果较差，企业只能提高环境技术创新投入来降低单位产出的污染成本。同时，随着政府环境规制强度的提高，受规制行业的企业数量不断减少，市场集中度提高，留下来的企业竞争力较强，重视技术创新，技术水平加速提升，因此，当环境规制强度超过拐点后，技术水平的提升呈现边际影响递增的形态。

对于污染密集行业而言，全国环境规制政策对技术创新影响的“J”型曲线拐点处对应的环境规制强度水平为0.5760，而东部地区、中部地区和西部地区环境规制政策对技术创新影响的“J”型曲线拐点处对应的环境规制强度水平依次为0.3549、0.8734和0.8961；对于清洁行业而言，全国环境规制政策对技术创新影响的“J”型曲线拐点处对应的环境规制强度水平为0.4999，而东部地区、中部地区和西部地区环境规制政策对技术创新影响的“J”型曲线拐点处对应的环境规制强度水平依次为0.2149、0.5116和0.4546。这同样表明污染密集行业和清洁行业对环境规制强度的容忍水平存在显著地区差异，东部地区的清洁行业对环境规制强度的容忍水平最低，中部、西部地区清洁行业对环境规制强度的容忍水平较高。造成这一现象的原因在于不同区域处于不同的发展阶段，产业结构差异较大，中部、西部区域多处于工业化初、中期，对经济发展需求远远强于环境质量，继而对环境规制强度的容忍水平较高。然而，东部区域多处于工业化后期，对环境治理的需求更强，对环境规制强度的容忍水平较低。

此外，清洁行业环境规制政策对技术创新影响的“J”型曲线拐点处对应的环境规制强度水平远低于污染密集行业，这是由两类行业的要素投入结构差异导致，数据显示全国、东部地区、中部地区和西部地区的污染密集行业固定资产投资均值约为清洁行业的3倍，这表明污染密集行业的技术调整成本较高，环境规制的资源配置扭曲效应更强，对环境规制的容忍水平较高，而清洁行业的技术调整成本低，环境规制的技术效应更强，能较为及时地提高技术水平。以上结论验证了前面提出的命题1。

2. 环境规制对工业行业产业转型的影响研究

采用系统GMM方法对式（6-39）进行估计，估计结果见表6-7。如表6-7所示，对模型设定的检验结果表明所有区域至少在5%的显著性水平下，AR（1）显著而AR（2）不显著，或AR（1）和AR（2）均不显著，说明模型至多存在一阶自相关、但不存在二阶自相关，系统GMM方法是适用的。Sargan检验和Hansen检验结果表明，模型的总体矩条件成立，工具变量的选择整体上也是有效的。

表6-7　　环境规制政策对工业行业产业转型的影响：GMM-SYS估计

变量名称	全国	东部	中部	西部
*ERI*1	-4.2525*** (0.6467)	-15.2257*** (4.8524)	-5.0290** (2.3096)	-1.8512*** (0.4627)
$ERI1^2$	3.2592*** (0.5483)	24.4243*** (9.0552)	3.2902** (1.4323)	0.9836*** (0.2737)
Nat	0.5092** (0.2524)	0.9459** (0.4022)	1.1244** (0.4486)	0.6656** (0.2583)
Gov	-1.4979** (0.5852)	-4.3433* (2.5257)	-8.4609* (4.7825)	-1.9292*** (0.7025)
City	1.6469*** (0.5913)	0.9973** (0.3996)	0.5313 (0.5161)	0.3258 (0.3142)
Trad	-0.1084 (0.2628)	-0.4234 (0.5038)	10.0589* (6.0926)	3.3719** (0.7025)
Constant	1.0285*** (0.2382)	2.8975*** (0.8819)	1.3155** (0.5548)	0.7977*** (0.2612)
拐点	**0.6524**	**0.3117**	**0.7642**	**0.9410**
地区变量	有	有	有	有
年份变量	有	有	有	有
样本容量	330	121	88	121
Sargan检验	2.28 (0.893)	2.23 (1.000)	2.61 (0.856)	7.50 (0.995)
Hansen检验	5.52 (0.479)	3.72 (0.999)	0.80 (0.992)	5.55 (0.999)
AR（1）检验	-2.12 (0.034)	-3.04 (0.002)	-1.57 (0.116)	0.47 (0.636)
AR（2）检验	-1.29 (0.196)	-1.62 (0.104)	-1.56 (0.119)	-1.47 (0.142)

说明：Sargan检验、AR（1）检验、AR（2）检验括号内报告的是概率p值，其余变量括号内报告的是标准差；***、**和*分别表示在1%、5%和10%水平上显著。

如表6-7所示，全国、东部地区、中部地区和西部地区的环境规制强度变量的系数至少在5%水平下显著为负，环境规制强度二次项的系数至少在5%水平下显著为正，这表明环境规制政策对工业行业产业转型的影响呈现“J”型特征。同时，实证结果显示，全国、东部地区、中部地区和西部区域“J”型拐点对应的环境规制强度依次为0.6524、0.3117、

0.7642和0.9410，这表明环境规制对工业行业产业转型的影响存在较为明显的区域差异。

从现实数据来看，东部地区清洁行业占污染密集行业比重的平均值为1.0232，中部地区为0.6411，西部地区为0.5710，全国平均值为0.7159。这表明，经过了改革开放30多年的经济发展，东部地区已经实现了工业行业的产业清洗，清洁行业所占比重已超过污染密集行业，环境规制的外部性已占主导地位，对环境规制的容忍水平较低。但中部地区和西部地区的污染密集行业所占比重依然较大，污染密集行业（如钢铁、采矿、煤炭、石油等行业）的治污成本很高，治污技术水平的调整成本较高，其对环境规制的容忍水平也较高。因此，东部区域环境规制对工业行业产业转型的"J"型曲线拐点对应的环境规制水平要低于中部、西部区域。

此外，东部地区的环境规制强度已超过"J"型曲线拐点对应的水平，环境规制强度的提升会促进工业行业产业转型；但中部、西部区域绝大多数省份的环境规制强度仍低于"J"型曲线拐点对应的水平，环境规制强度的提升会抑制工业行业产业转型。因此，东部地区已经处于"J"型曲线的右半段，而中部、西部区域仍处于"J"型曲线的左半段，但已接近拐点。以上结论验证了本文提出的命题2。

6.4.4 稳健性检验

现有研究中常用的环境规制代理变量有六种（张成等，2011），满足省际面板分行业数据的环境规制变量仅有两种，为验证上述回归结果的稳健性，选用另一个环境规制强度的代理变量（*ERI*2）作为解释变量，采用系统GMM方法对式（6-37）、式（6-38）和式（6-39）进行估计，结果见表6-8、表6-9和表6-10。

表6-8　污染密集行业环境规制的经济效应稳健性分析：GMM-SYS估计

变量名称	全国	东部	中部	西部
*ERI*2	-18.2089* (10.7594)	-16.2026** (7.4510)	-74.2853** (31.7797)	9.0847 (5.5704)
$ERI2^2$	18.4822** (9.0827)	18.2005** (7.4399)	48.8650** (21.1237)	-7.3693* (4.2148)
Nat	-2.9488*** (0.4112)	-0.4291 (0.9053)	82.9783** (33.1315)	-2.6150*** (0.5059)

续表

变量名称	全国	东部	中部	西部
Gov	5.6257*** (1.3185)	15.3959*** (4.0663)	413.3579** (161.6322)	4.4093*** (1.1882)
City	1.0989*** (0.2615)	1.3432** (0.6462)	-56.2335** (23.2200)	0.8209 (1.1602)
Trad	0.5832*** (0.1841)	-0.3571** (0.1529)	58.0614*** (21.5486)	11.7432*** (4.1855)
Constant	4.6467 (2.8241)	2.0288 (1.4427)	-63.2070** (25.3035)	-1.9267 (1.4172)
拐点	**0.4926**	**0.4451**	**0.7601**	
地区变量	有	有	有	有
年份变量	有	有	有	有
样本容量	330	121	81	121
Sargan 检验	11.03 (0.441)	42.84 (0.003)	14.54 (0.204)	23.50 (0.708)
Hansen 检验	12.29 (0.342)	3.58 (1.000)	0.00 (1.000)	9.34 (1.000)
AR（1）检验	-3.05 (0.002)	-2.22 (0.026)	-1.05 (0.295)	-2.45 (0.014)
AR（2）检验	-0.90 (0.366)	-1.51 (0.131)	-0.20 (0.842)	-1.65 (0.100)

说明：Sargan 检验、AR（1）检验、AR（2）检验括号内报告的是概率 p 值，其余变量括号内报告的是标准差；***、** 和 * 分别表示在 1%、5% 和 10% 水平上显著。

表 6-9　　清洁行业环境规制的经济效应稳健性分析：GMM-SYS 估计

变量名称	全国	东部	中部	西部
ERI2	-25.5955** (10.3939)	5.7672* (3.2945)	-3.6910*** (1.4160)	-5.1145** (2.5652)
$ERI2^2$	26.8988*** (8.7854)	-4.108 (2.6835)	3.1044** (1.2310)	3.7858* (2.1400)
Nat	-1.4018* (0.7293)	-0.9111 (0.9765)	-1.3981*** (0.5161)	-2.3233*** (0.6032)
Gov	0.1848 (2.1581)	5.3650*** (1.2489)	2.9816*** (1.7788)	2.3019** (1.0864)

续表

变量名称	全国	东部	中部	西部
City	2.0569 ** (1.0244)	0.7326 ** (0.4251)	0.3429 (0.7176)	2.4381 ** (0.9887)
Trad	0.2886 (0.4130)	0.2349 (0.1862)	2.8023 * (1.5185)	7.3894 *** (2.8686)
Constant	5.7001 ** (2.7238)	-0.6976 (0.9370)	2.8888 *** (0.7441)	2.5650 ** (1.0416)
拐点	**0.4758**		**0.5945**	**0.6755**
地区变量	有	有	有	有
年份变量	有	有	有	有
续样本容量	330	121	81	121
Sargan 检验	8.93 (0.348)	4.14 (0.941)	1.22 (1.000)	10.14 (0.949)
Hansen 检验	4.81 (0.777)	6.16 (0.801)	1.31 (0.999)	3.91 (1.000)
AR（1）检验	-3.58 (0.000)	-2.37 (0.018)	-1.78 (0.075)	-1.44 (0.151)
AR（2）检验	-0.59 (0.553)	-1.61 (0.107)	-1.67 (0.094)	-1.25 (0.211)

说明：Sargan 检验、AR（1）检验、AR（2）检验括号内报告的是概率 p 值，其余变量括号内报告的是标准差；*** 、** 和 * 分别表示在 1%、5% 和 10% 水平上显著。

表 6-10　环境规制政策对工业行业产业转型影响的稳健性分析：GMM-SYS 估计

变量名称	全国	东部	中部	西部
ERI2	-11.7921 *** (3.6283)	-6.5671 * (3.8379)	-60.4731 * (33.2468)	-21.7216 ** (8.9728)
$ERI2^2$	9.6049 *** (2.6797)	7.6349 *** (3.3294)	65.1802 * (35.8550)	16.0390 ** (6.9375)
Nat	0.4458 (0.5529)	-3.0576 *** (1.1091)	-3.3850 (2.1825)	0.9769 *** (0.3220)
Gov	1.3371 (2.2243)	-2.4556 *** (0.8527)	-14.6088 * (8.0385)	-3.0124 *** (0.9976)
City	0.7569 *** (0.1749)	-1.3628 * (0.8248)	-1.8101 (1.3755)	1.1708 *** (0.3950)

续表

变量名称	全国	东部	中部	西部
Trad	0. 3910 *** (0. 0777)	2. 4905 (3. 0858)	58. 5111 * (31. 1593)	0. 6619 *** (0. 1617)
Constant	3. 2907 ** (1. 2349)	3. 6706 *** (1. 4229)	8. 6315 ** (4. 6989)	6. 9847 ** (2. 8017)
拐点	**0. 6139**	**0. 4301**	**0. 4639**	**0. 6771**
地区变量	有	有	有	有
年份变量	有	有	有	有
样本容量	121	121	88	330
Sargan 检验	3. 30 (0. 654)	2. 72 (0. 994)	13. 81 (0. 613)	1. 92 (0. 983)
Hansen 检验	6. 56 (0. 256)	3. 69 (0. 978)	0. 24 (1. 000)	2. 66 (0. 954)
AR（1）检验	-2. 34 (0. 019)	-1. 88 (0. 006)	-1. 78 (0. 075)	-2. 84 (0. 004)
AR（2）检验	-1. 35 (0. 175)	-0. 76 (0. 450)	-0. 22 (0. 829)	-1. 26 (0. 208)

说明：Sargan 检验、AR（1）检验、AR（2）检验括号内报告的是概率 p 值，其余变量括号内报告的是标准差；*** 、** 和 * 分别表示在 1%、5% 和 10% 水平上显著。

如表 6-8、表 6-9 和表 6-10 所示，对模型设定的检验结果表明所有区域至少在 5% 的显著性水平下，AR（1）显著而 AR（2）不显著，或 AR（1）和 AR（2）均不显著，说明模型至多存在一阶自相关、但不存在二阶自相关，系统 GMM 方法是适用的。Sargan 检验和 Hansen 检验结果表明，模型的总体矩条件成立，工具变量的选择整体上也是有效的。

对环境规制的经济效应而言，对比表 6-5 和表 6-8，表 6-6 和表 6-9，环境规制强度 2（*ERI*2）和环境规制强度 1（*ERI*1）的估计结果基本一致。首先，无论是污染密集行业还是清洁行业，在 5% 的显著性水平下，除污染密集行业回归中的西部地区和清洁行业回归中的东部地区外，所有区域的环境规制强度变量系数显著为负，环境规制强度变量的平方项显著为正，这表明无论是污染密集行业还是清洁行业，环境规制对技术水平的影响均呈现"J"型特征。其次，污染密集行业"J"型曲线拐点对应的环境规制强度要高于清洁行业"J"型曲线对应的环境规制强度，东部区域"J"型曲线拐点对应的环境规制强度要明显低于中部、西部区域

“J”型曲线对应的环境规制强度。最后，污染密集行业回归中的西部地区估计结果显示，环境规制仍不利于西部区域污染密集行业的技术创新；清洁行业回归中的东部地区估计结果显示，环境规制有利于东部区域清洁行业的技术创新。

就环境规制对工业行业产业转型的影响而言，对比表6－7和表6－10，环境规制强度2（*ERI*2）和环境规制强度1（*ERI*1）的估计结果基本一致。首先，在5%的显著性水平下，所有区域的环境规制强度变量系数显著为负，环境规制强度变量的平方项显著为正，这表明在所有区域内，环境规制对工业行业产业转型的影响均呈现“J”型特征，即在环境规制程度较低时，环境规制不利于工业行业产业转型；在环境规制程度较高时，环境规制会促进工业行业产业转型。其次，东部地区“J”型曲线拐点对应的环境规制强度要明显低于中部、西部地区“J”型曲线对应的环境规制强度，再次验证了环境规制对工业行业产业转型影响的“J”型特征和拐点关系。

结合表6－8、表6－9和表6－10的实证结果，不难发现本文的理论推理和实证结论都是稳健的。

6.5 本章小结

本章首先，构建了考虑工业行业异质性的环境规制对工业行业产业转型影响的理论模型，通过数理模型推导和数值模拟发现，环境规制的经济效应体现为资源配置扭曲效应与技术效应的博弈，污染密集行业和清洁行业的环境规制对技术水平的影响均呈现“J”型特征。同时，环境规制对工业行业产业转型的影响取决于环境规制对污染密集行业和清洁行业的经济产出影响的相对大小，结合环境规制的资源配置扭曲效应和技术效应，研究发现环境规制对工业行业产业转型的影响呈现“J”型特征。其次，以我国省际工业行业为研究对象，使用2002～2012年我国30个省区市（西藏除外）的工业行业面板数据，分别实证检验了全国、东部地区、中部地区和西部地区环境规制的经济效应，以及环境规制对工业行业产业转型的影响。实证分析结果显示，污染密集行业和清洁行业的环境规制对技术水平和工业行业产业转型的影响均呈现“J”型特征，且具有明显的区域差异。研究结果具有如下政策含义。

（1）实施差异化的区域性环境规制政策。根据研究结论，环境规制对工业行业产业转型的影响存在区域差异性，东部地区已经处于“J”型曲线的右侧，而中部和西部地区尚处在“J”型曲线的左侧。由于处在“J”型曲线的左侧意味着环境规制的扭曲性（资源配置扭曲效应）大于外部性（技术效应），因此，建议中部和西部地区的环境规制强度应进一步加强，多采取命令型的环境规制政策以约束工业行业的生产行为，加大对地方政府的财政转移支付力度。处在“J”型曲线的右侧意味着环境规制的外部性大于扭曲性，因此，东部地区应重点采用市场激励型环境规制政策，通过排污费、排污许可证交易等市场机制发挥环境规制的外部性效应，以及加大对工业行业的专项技术补贴力度，进一步激发环境规制的技术效应，促进工业行业产业转型。此外，我国很多“一刀切”的环境政策未能合理地反映不同地区的环境治理需求，需尽早转变。

（2）改善投融资机制，弱化资源配置扭曲效应，激发技术效应。技术效应有助于促进工业行业产业转型，但清洁行业的技术效应受其融资环境的制约。清洁行业与污染密集行业间的成本差异使得环境规制下清洁行业具有技术优势，但也造成了清洁行业的融资难度。清洁行业的固定资产比重低，不利于清洁行业融资，可用于环境技术研发投入的资金不足，难以形成技术效应，限制了清洁行业的发展，不利于工业行业产业转型。因此，建议政府改善投融资机制，拓宽清洁行业的融资渠道，加快环境金融改革的进程，引入 PPP 模式，吸引更多的民间资本进入清洁行业，实现技术效应，促进工业行业产业升级。

（3）选择不同行业环境治理的合适时机。对于污染密集行业和清洁行业来说，环境规制对技术创新影响的“J”型曲线拐点对应的环境规制水平不同，反映了两类行业的环境技术调整意愿的差异。考虑到行业的异质性，建议政府有针对性地选择环境治理的合适时机，使用不同规制手段的优化组合影响企业环境治理行为。例如，对污染密集行业来说，政府应倾向于预防控制，通过设立恰当的环境准入标准来引导污染行业的环境治理行为，实现源头治理；而对清洁行业来说，政府应倾向于事中控制，通过命令控制型环境规制与市场激励型环境规制的有效结合引导清洁行业进行环境治理，提升环境规制的有效性。

第7章　环境规制工具的效果评价及政策组合设计

7.1　引　　言

改革开放以来，我国在加速推进工业化的进程中，粗放型的经济增长模式导致高能耗、高污染、自然资源和环境破坏等问题日益严重，产业发展与环境保护之间的矛盾十分突出，经济社会发展的可持续性受到巨大挑战。据统计，我国单位GDP的污染排放量是发达国家平均水平的10倍以上，主要污染物排放已经严重超过环境的承载能力，每年环境污染造成的经济损失占GDP的6%以上（李永友和沈坤荣，2008）。由于环境的公共产品属性和污染的负外部性，单纯依靠市场化不能有效解决环境污染问题，环境规制是政府解决环境问题市场失灵的重要手段。20世纪70年代初，我国政府开始进行环境规制政策的建立和完善，目前主要的环境规制政策工具包括命令控制型工具、市场激励型工具和自愿型工具等三类。近年来，随着环境问题的日益凸显，我国环境立法的步伐不断加快，政府从直接使用命令控制型规制工具为主向市场化手段控制环境污染并用转变，企业和公众参与节能减排和环境监督的意愿在不断地增强，但是社会各界对各类环境规制工具的规制效果仍然存在较大的分歧。从现有的研究文献来看，多数学者对单个环境规制工具的效果和不同类型环境规制工具之间的效果比较进行了研究。从单个环境规制工具的研究来看，阿特金森和路易斯（Atkinson & Lewis，1974）、蒂坦伯格（Tietenberg，2003）、马富萍等（2011）等研究认为命令控制型环境规制工具对生产进步的作用不明显，付出的成本过高。贝尔和拉塞尔（Bell & Russell，2003）、卡瑟利亚（Kathuria，2006）等研究表明市场激励型环境规制工具具有更低成本和更高的合意目标实现能力，但在发展中国家使用较少，因为市场激励型环境规制政策工具需要良好的制度基础。德威斯（Dewees，1983）认为排污权交易制度的效果优于环境税，而乔斯科和施马兰西（Joskow & Schmalensee，1998）的结论正好相反，史蒂文斯和怀特海德（Stavins & Whitehead，1992）认为排污权交易和环境税都会出现信息不对称的问题，因而这两种规制方式的使用需要建立在充分竞争的市场结构下。有村等人（Arimura et al，2008）研究发现在排污者主动配合国家的相关政策的前提下，ISO认证的标志和环境绩效白皮书能减少固体垃圾和废水的排放，节约规制成本。从不同环境规制工具的效果比较来看，韦茨曼（Weitzman，1974）证明了当预期边际治污成本曲线比边际治污收益曲线陡峭时，环境税规制要优于单纯采用命令控制型规制手段。马加特（Magat，1978）、米尔里曼和普林斯（Milliman & Prince，1989）研究发现相较于命令控制型规制工具对企业规定一个固定的排污量，市场激励型环境规制工具，如排污收费、可交易许可等，更能刺激污染控制技术的发展。李斌和彭星（2014）认为市场激励型规制工具对环境技术进步的促进作用优于命令控制型环境规制工具，实现更低水平的污染排放。李永友和沈坤荣（2008）研究发现排污费制度的减排效果显著，而减排补贴和环保贷款制度的效果不明显，公众的环保行为和环境质量诉求没有纳入环境规制框架。郭庆（2014）认为我国环境规制的监督作用明显强于激励作用，市场激励规制和公众参与的效果要比命令控制型规制好。

从现有研究来看，对于环境规制工具的选择问题的研究存在一些不足。首先，环境规制工具仅以环境治理为目标将会导致政策效果评估的失衡，因为经济发展的目标是不能够被忽视的，需要同时引入经济目标和环境治理目标来评估环境规制政策效果；其次，研究对象较为单一，大多数文献仅仅从评估单个环境规制工具效果或者对不同类型的环境规制工具的效果进行比较，局限性较大，而现实中环境政策制定者通常采用若干种不同的环境规制工具组合并用，对各种不同类型的规制工具组合效果的实证研究不足，仅限于提出一些政策建议；最后，不同环境规制工具之间是否存在相合效应（正或负）是进行环境规制工具政策设计的关键，而现有研究对这一问题的关注不足。本章将对不同类型环境规制工具的效果、相合效应的存在性及组合效果进行实证检验，设计环境规制工具组合的标准，提出最优的环境规制工具组合，为环境保护部门的政策工具设计提供理论依据。

7.2　环境规制工具的效果评价模型及标准

7.2.1　评价模型

假定政府实施环境规制政策有两个目标：经济增长和环境治理，分别用 Y 和 E 来表示。为了模型阐述方便，假定有两类环境规制政策工具：X_1 和 X_2，控制变量为向量 P，那么政府环境规制政策的目标就可以定义为环境规制政策工具和控制变量的函数。如式（7－1）、式（7－2）所示。

$$Y_{it}=\beta_0+\beta f(X_{1it}, X_{2it})+\nu P+\varepsilon_{1it} \tag{7-1}$$

$$E_{it}=\theta_0+\theta f(X_{1it}, X_{2it})+\nu P+\varepsilon_{1it} \tag{7-2}$$

其中，$f(X_{1it}, X_{2it})$ 表示两类环境规制政策工具对环境规制政策目标的影响。本书采用 Taylor 展开的方法对 $f(X_{1it}, X_{2it})$ 进行展开，得到

$$\begin{aligned} f(X_{1it}, X_{2it}) = {} & f(X_{10}, X_{20})+\alpha_1 f_1(X_{10}, X_{20})(X_{1it}-X_{10})+ \\ & \alpha_2 f_2(X_{10}, X_{20})(X_{2it}-X_{20})+\alpha_3 f_{12}(X_{10}, X_{20}) \\ & (X_{1it}-X_{10})(X_{2it}-X_{20})+\varepsilon_{it} \end{aligned} \tag{7-3}$$

考虑到 $f(X_{10}, X_{20})$、$f_1(X_{10}, X_{20})$、$f_2(X_{10}, X_{20})$、$f_{12}(X_{10}, X_{20})$ 均为常数，式（7－3）可化简为

$$f(X_{1it}, X_{2it})=\gamma_0+\gamma_1 X_{1it}+\gamma_2 X_{2it}+\gamma_3 X_{1it}X_{2it}+\varepsilon_{it} \tag{7-4}$$

将式（7－4）代入式（7－1）和（7－2）并化简，可得

$$Y_{it}=\beta_0+\beta_1 X_{1it}+\beta_2 X_{2it}+\beta_3 X_{1it}X_{2it}+\nu P+\varepsilon_{1it} \tag{7-5}$$

$$E_{it}=\theta_0+\theta_1 X_{1it}+\theta_2 X_{2it}+\theta_3 X_{1it}X_{2it}+\nu P+\varepsilon_{2it} \tag{7-6}$$

式（7－5）中 β_1、β_2 表示环境规制政策工具对经济增长的影响，式（7－6）中 θ_1、θ_2 表示环境规制政策工具的环境治理效果。由式（7－5）和式（7－6）可知，环境规制政策既可能同时实现两个政策目标，也可能使得两个政策目标相互背离，因此，环境规制政策工具的效果需要结合两种政策目标下的效果进行分析。

基于式（7－5）和式（7－6），即可评估不同类型环境规制政策工具的效果及政策工具间的相合性效应。需要说明的是，式（7－5）和式（7－6）仅就两种环境规制政策工具加以说明，如果有多种环境规制政策工具，可直接对式（7－5）和式（7－6）加以推广。

7.2.2　环境规制工具效果的评价标准

根据式（7－5）和式（7－6），环境规制工具效果的评价标准如表

7－1 所示。如果β_1、β_2显著为正，说明环境规制工具X_1和X_2有助于经济增长；如果β_1、β_2显著为负，说明环境规制工具X_1和X_2对经济影响为负；如果β_1、β_2不显著，说明环境规制工具X_1和X_2对经济增长无影响。如果θ_1、θ_2显著为正，说明环境规制工具X_1和X_2会带来污染排放的增加，未达到环境治理的效果；如果θ_1、θ_2显著为负，说明环境规制工具X_1和X_2会带来污染排放的下降，达到环境治理的效果；如果θ_1、θ_2不显著，说明环境规制政策工具X_1和X_2不会影响污染排放。

表 7－1　　环境规制工具效果的评价标准

	经济目标	环境目标	政策工具评价
情形 1	$\beta_1(\beta_2)$ 显著为正	$\theta_1(\theta_2)$ 显著为正	实现经济目标 背离环境目标
情形 2	$\beta_1(\beta_2)$ 显著为正	$\theta_1(\theta_2)$ 显著为负	实现经济目标 实现环境目标
情形 3	$\beta_1(\beta_2)$ 显著为正	$\theta_1(\theta_2)$ 不显著	仅实现经济目标
情形 4	$\beta_1(\beta_2)$ 显著为负	$\theta_1(\theta_2)$ 显著为正	背离经济目标 背离环境目标
情形 5	$\beta_1(\beta_2)$ 显著为负	$\theta_1(\theta_2)$ 显著为负	背离经济目标 实现环境目标
情形 6	$\beta_1(\beta_2)$ 显著为负	$\theta_1(\theta_2)$ 不显著	背离经济目标
情形 7	$\beta_1(\beta_2)$ 不显著	$\theta_1(\theta_2)$ 显著为正	背离环境目标
情形 8	$\beta_1(\beta_2)$ 不显著	$\theta_1(\theta_2)$ 显著为负	仅实现环境目标
情形 9	$\beta_1(\beta_2)$ 不显著	$\theta_1(\theta_2)$ 不显著	目标均未实现

然而，由于政府政策目标有两个，环境规制政策既可能同时实现这两个政策目标，也可能使得两个政策目标相互背离，为此，环境规制政策工具的效果分析需要结合两种政策目标下的效果来看。

7.2.3　环境规制工具间相合效应的评价标准

环境规制工具间的相合效应是指当两个环境规制工具同时实施时所带来的额外政策效果。如果在原政策效果基础上产生了增益效果，则称环境规制工具间存在正相合效应；反之，则称环境规制工具间存在负相合效应。相合效应通过式（7－5）和式（7－6）中的β_3和θ_3来表示。如果β_3显著为正且θ_3显著为负，则说明环境规制工具X_1和X_2间存在正相合效应；如果 β_3 显著为负且 θ_3 显著为正，则说明环境规制工具 X_1 和 X_2 间存在负相合效应；如果 β_3 不显著且 θ_3 不显著，则说明环境规制工具 X_1 和 X_2 间不存在相合效应。表 7－2 中给出了具体的环境政策工具间相合效应的评价标准。

表 7－2　　环境规制工具间相合效应的评价标准

	经济目标	环境目标	相合效应评价
情形 1	β_3 显著为正	θ_3 显著为负	经济正相合效应 环境正相合效应
情形 2	β_3 显著为正	θ_3 显著为正	经济正相合效应 环境负相合效应
情形 3	β_3 显著为正	θ_3 不显著	经济正相合效应
情形 4	β_3 显著为负	θ_3 显著为负	经济负相合效应 环境正相合效应
情形 5	β_3 显著为负	θ_3 显著为正	经济负相合效应 环境负相合效应
情形 6	β_3 显著为负	θ_3 不显著	经济负相合效应
情形 7	β_3 不显著	θ_3 显著为负	环境正相合效应
情形 8	β_3 不显著	θ_3 显著为正	环境负相合效应
情形 9	β_3 不显著	θ_3 不显著	不存在相合效应

7.3　环境规制工具的选取与数据来源

7.3.1　环境规制工具的选取

根据前面章节的研究，我国环境规制工具可分为三种：命令控制型规制工具、市场激励型规制工具和自愿性规制工具。命令控制型规制工具包括“三同时”制度、环境影响评价制度、限期治理、关停并转制度及排污许可证制度；市场激励型规制工具包括排污收费、排污权交易、生态环境补偿费、城市排水设施使用费、补贴政策、矿产资源税和补偿费；自愿性规制工具包括信息公开、公共参与监督和环境信访等。结合数据的可获得性，共选取 12 个环境规制工具，并将其根据所属类型进行归类，具体结果如表 7－3 所示。

表 7－3 环境规制工具

环境规制工具类型	环境规制工具
命令控制型	“三同时”项目投资总额（亿元）
	执行环境影响评价制度的建设项目数量（个）
	当年颁发地方性法规（件）
	当年颁发地方政府规章（件）
	关停并转移企业数
市场激励型	排污费征收总额（万元）
	排污许可证交易
	环境污染治理投资总额（亿元）
	工业污染源治理投资（亿元）
自愿性	电话/网络投诉数（件）
	来访总数（人数）
	宣传教育活动数（次）

7.3.2 变量说明及数据来源

本书实证研究所涉及的变量包括 3 类：政策目标变量（包括环境目标变量和经济目标变量）为因变量，环境规制工具变量（包括命令控制型工具、市场激励型工具和自愿型工具）为自变量，经济特征与环境特征变量为控制变量。变量定义如表 7－4 所示。

表 7－4 变量定义

变量类型	变量名	变量定义
政策目标变量	工业废气（FQGY）	工业废气排放总量（亿立方米）
	工业二氧化硫（SO_2GY）	工业废气中二氧化硫（吨）
	废水（FSGY）	工业废水排放总量（亿吨）
	工业总产值（ZCZ）	工业总产值（亿元）
命令型规制工具变量	三同时投资（STSTZ）	实际执行“三同时”项目投资总额（亿元）
	环评（YXPJ）	执行环评的建设项目数量（个）
	颁发法规（BFFG）	当年颁发地方性法规（件）
	颁发规章（BFGZ）	当年颁发地方政府规章（件）
	关停并转（GTBZ）	关停并转移企业数（家）

续表

变量类型	变量名	变量定义
市场激励型规制工具变量	排污费（PWF）	排污费征收总额（万元）
	排污许可证交易（PWJY）	是否存在排污许可证交易
	环境治理投资（ZLTZ）	环境污染治理投资总额（亿元）
	工业治理投资（ZLTZ_GY）	工业污染源治理投资（亿元）
自愿型规制工具变量	投诉（TS）	电话/网络投诉数（件）
	来访（LF）	来访总数（人数）
	宣传（XC）	宣传教育活动数（次）
经济特征与环境特征变量	排污单位（PWDW）	缴纳排污费单位（个）
	环保机构（JG）	环保系统机构总数（个）
	人员（RY）	环保系统人员总数（人）
	监察人员（RY_JC）	监察机构年末实有人数（人）
	监测站人员（RY_JCZ）	监测站年末实有人数（人）
	企业个数（QYGS）	工业企业个数（个）
	废气设施（FQSS）	废气治理设施数（套）
	废气脱硫（FQTS）	脱硫设施数（套）
	废气运行（FQYX）	废气治理设施运行费用（万元）
	废气脱硫运行（FQTLYX）	脱硫设施运行费用（万元）
	废水设施（FSSS）	废水治理设施数（套）
	废水运行（FSXY）	废水治理设施运行费用（万元）
	劳动人口（L）	劳动人口（万人）
	资本存量（K）	资本存量（亿元）
	人均 GDP（RGDP）	人均 GDP（元）
	贸易开放度（KFD）	进出口占 GDP 比重
	产业结构转型（CYJG）	工业总产值占 GDP 比重

实证研究选取 2001～2012 年我国的省际面板数据样本（考虑到西藏数据缺失严重，将西藏剔除），数据来源于《中国环境年鉴》《中国环境统计年鉴》《中国统计年鉴》《中宏数据库》。

7.3.3 描述性统计分析

表 7－5 是政策目标变量的描述性统计分析结果；表 7－6 是环境规制

工具变量的描述性统计分析结果；表 7 - 7 是经济特征与环境特征变量的描述性统计分析结果。三个表中报告了变量的观测值个数、均值、标准差、最小值和最大值。

表 7 - 5　　政策目标变量的描述性统计分析结果

变量名	观测值	均值	标准差	最小值	最大值
工业废气（lnFQGY）	360	9.050	0.904	6.219	11.254
工业二氧化硫（lnSO2GY）	360	13.069	0.926	9.867	14.355
工业废水（lnFSGY）	360	10.819	1.004	8.147	12.599
总产值（lnZCZ）	360	7.999	1.010	3.425	10.845

表 7 - 6　　环境规制工具变量的描述性统计分析结果

变量名	观测值	均值	标准差	最小值	最大值
三同时投资（lnSTSTZ）	360	5.563	1.380	0.692	10.373
环评（lnYXPJ）	360	8.540	1.146	4.736	11.364
颁发法规（BFFG）	360	0.831	1.419	0	18.000
颁发规章（BFGZ）	360	1.347	2.613	0	28.000
关停并转（lnGTBZ）	360	4.268	1.931	0	7.790
排污费（lnPWF）	360	10.013	1.038	6.800	12.060
排污许可证交易（PWJY）	360	0.453	0.498	0	1
环境治理投资（lnZLTZ）	360	2.870	2.187	0	7.237
工业治理投资（lnZLTZ_GY）	360	1.422	1.294	-1.137	4.185
投诉（lnTS）	360	9.257	1.344	3.912	11.807
来访（lnLF）	360	6.321	3.085	0	9.963
宣传（lnXC）	360	2.627	2.834	0	7.768

表 7 - 7　　经济特征与环境特征变量的描述性统计分析结果

变量名	观测值	均值	标准差	最小值	最大值
排污单位（lnPWDW）	360	9.495	0.986	6.447	11.862
环保机构（lnJG）	360	6.195	1.209	3.761	9.912
人员（lnRY）	360	7.933	1.274	3.951	10.026
监察人员（lnRY_JC）	360	7.047	1.006	3.738	9.315

续表

变量名	观测值	均值	标准差	最小值	最大值
监测站人员（lnRY_JCZ）	360	7.151	0.782	4.691	9.221
企业个数（lnQYGS）	360	5.241	3.785	0	9.675
废气设施（lnFQSS）	360	8.350	0.817	5.805	9.98516
废气脱硫（lnFQTS）	353	6.088	1.269	0.693	8.153
废气运行（lnFQYX）	360	11.378	1.205	7.488	14.408
废气脱硫运行（lnFQTLYX）	360	6.322	5.454	0	13.269
废水设施（lnFSSS）	360	7.411	0.995	4.407	9.269
废水运行（lnFSXY）	360	11.067	1.144	7.472	13.566
劳动人口（lnL）	360	6.207	0.777	4.168	7.510
资本存量（lnK）	360	8.046	1.030	5.459	10.586
人均 GDP（lnRGDP）	360	4.172	0.307	3.468	4.960
贸易开放度（KFD）	360	0.334	0.417	0.036	1.721

7.4 环境规制工具的效果评价及相合效应评价

7.4.1 环境规制工具的效果评价

1. 命令控制型规制工具的效果评价

命令控制型规制工具的效果评价结果如表 7－8 所示。从命令控制型环境规制工具对环境目标 1（工业废气）的影响来看，“三同时”制度对工业废气排放量的影响显著为负，“三同时”治理投资每增加 1%，工业废气排放量会减少 0.0341%，即“三同时”制度的环境目标 1 实现；环境影响评价对工业废气排放量的影响显著为负，环境影响评价力度增加 1%，工业废气排放量会下降 0.0689%，即环境影响评价的环境目标 1 实现；颁布法规对工业废气排放量的影响显著为负，颁发法规数量增加 1%，工业废气排放量会下降 0.0181%，即颁布法规的环境目标 1 实现；颁发规章和关停并转对工业废气排放量的影响不显著，这两个工具的环境目标 1 未实现。

表 7-8　　命令控制型环境规制工具的效果评价

	环境目标 1（工业废气）lnFQGY	环境目标 2（工业二氧化硫）$lnSO_2GY$	环境目标 3（工业废水）lnFSGY	经济目标（工业总产值）lnZCZ
lnSTSTZ	-0.0341* (-2.03)	-0.0324* (-2.04)	-0.0254** (-2.75)	0.2630*** (8.86)
lnYXPJ	-0.0689*** (-3.53)	-0.0706*** (-3.95)	-0.0372*** (-3.57)	0.185*** (6.06)
BFFG	-0.0181* (-2.13)	-0.0084 (-1.10)	-0.0007 (-0.16)	-0.0167 (-1.06)
BFGZ	0.00309 (0.68)	0.0086* (2.07)	0.0054* (2.16)	-0.0084 (-1.04)
lnGTBZ	0.0056 (0.75)	-0.0007 (-0.10)	0.0016 (0.40)	0.0147 (1.11)
常数项	-0.7030 (-0.77)	12.4300*** (14.91)	-0.8660 (-1.81)	2.075*** (6.55)
R^2	0.8734	0.3986	0.7056	0.6958
F	17.06	81.22	93.70	46.23
N	360	353	360	360

说明：限于篇幅，表中仅给出命令控制型环境规制工具系数的估计结果，没有报告控制变量的系数。

从命令控制型环境规制工具对环境目标 2（工业二氧化硫）的影响来看，“三同时”制度对工业二氧化硫排放量的影响显著为负，“三同时”治理投资每增加 1%，工业二氧化硫排放量会减少 0.0324%，即“三同时”制度实现了环境目标 2；环境影响评价对工业二氧化硫排排放量的影响显著为负，环境影响评价力度增加 1%，工业二氧化硫排放量会下降 0.0706%，即环境影响评价实现了环境目标 2；颁布法规对工业二氧化硫排放量的影响不显著，颁布法规的环境目标 2 未实现；颁发规章对工业二氧化硫排放量的影响显著为正，颁发规章数量增加 1%，工业二氧化硫排放量增加 0.0086%，即颁发规章的环境目标 2 未实现；关停并转对工业二氧化硫排放量的影响不显著，关停并转的环境目标 2 未实现。

从命令控制型环境规制工具对环境目标 3（工业废水）的影响来看，“三同时”制度对工业废水排放量的影响显著为负，“三同时”治理投资每增加 1%，工业废水排放量会减少 0.0254%，即“三同时”制度实现了环境目标3；环境影响评价对工业废水排放量的影响显著为负，环境影响评价力度增加1%，工业废水排放量会下降0.0372%，即环境影响评价实现了环境目标3；颁布法规对工业废水排放量的影响不显著，颁布法规的环境目标3未实现；颁发规章对工业废水排放量的影响显著为正，颁发规章数量增加1%时，工业废水排放量增加0.0054%，即颁发规章的环境目标3未实现；关停并转对工业废水排放量的影响不显著，关停并转的环境目标3未实现。

从命令控制型环境规制工具对经济目标（工业总产值）的影响来看，“三同时”制度对工业总产值的影响显著为正，“三同时”治理投资每增加1%，工业总产值会增加0.263%，即“三同时”制度实现了经济目标；环境影响评价对工业总产值的影响显著为正，环境影响评价力度增加1%，工业总产值会增加0.185%，即环境影响评价实现了经济目标；颁布法规、颁发规章和关停并转对工业总产值的影响不显著，这三个工具的经济目标未实现。

综上来看，颁发法规实现了环境目标而经济目标未实现，颁发规章和关停并转的环境目标和经济目标均未实现，环境影响评价和三同时制度的环境目标和经济目标同时实现。从环境目标的效果来看，效果从大到小依次排序为：环境影响评价制度、“三同时”制度、颁发法规、颁发规章和关停并转；从经济目标政策效果来看，效果从大到小依次排序为：“三同时”制度、环境影响评价制度、颁发法规、颁发规章和关停并转。

2. 市场激励型规制工具效果评价

市场激励型环境规制工具的效果评价结果如表7-9所示。从市场激励型环境规制工具对环境目标1（工业废气）的影响来看，排污费对工业废气排放量的影响呈倒“U”型关系，这表明排污收费总额增加会带来工业废气排放量先上升后下降，只有当排污费超过某一临界值时，排污费才会起到环境治理的效果，因此从短期来看，排污费的环境目标1未实现；排污许可证可交易对工业废气排放量的影响显著为负，排污许可证交易每增加1%，工业废气排放量下降0.0402%，即排污许可证交易的环境目标1实现；污染治理投资对工业废气排放量的具有显著负向影响，污染治理投资增加1%，工业废气排放量会下降0.0399%，即环境污染治理投资的环境目标1实现；而工业污染源治理投资对工业废气排放量的影响不显著，工业污染源治理投资的环境目标1未实现。

表7-9　　　　市场激励型环境规制工具的效果评价

	环境目标1（工业废气）lnFQGY	环境目标2（工业二氧化硫）$\ln SO_2GY$	环境目标3（工业废水）lnFSGY	经济目标（工业总产值）lnZCZ
lnPWF	0.111*** (3.91)	0.190*** (5.12)	0.0382** (2.78)	0.257*** (6.03)
lnPWF^2	-0.0357** (4.29)	-0.0126*** (2.75)	-0.0379** (2.98)	
PWJY	-0.0402* (-1.65)	-0.0150* (-1.95)	-0.0104* (1.76)	0.0387 (1.06)
lnZLTZ	-0.0399** (-2.79)	-0.0970*** (-4.36)	-0.0295*** (-3.53)	0.478*** (9.70)
lnZLTZ_GY	-0.0139 (-0.65)	-0.158*** (-5.23)	-0.0234 (-1.77)	0.0467 (1.02)
常数项	1.194*** (6.96)	7.426*** (28.58)	-4.248*** (-22.57)	2.122*** (4.91)
R^2	0.6734	0.5795	0.7559	0.7369
F	71.26	78.12	103.71	75.23
N	360	353	360	360

说明：限于篇幅，表中仅给出市场激励型环境规制工具系数的估计结果，没有报告控制变量的系数。

从市场激励型环境规制工具对环境目标2（工业二氧化硫）的影响来看，排污费对工业废水排放量的影响呈倒“U”型关系，表明排污收费增加会带来工业二氧化硫排放量先上升后下降，只有当排污费超过某一临界值，排污费才会起到环境治理的效果，从短期来看，排污费的环境目标2未实现；排污许可证交易对工业二氧化硫排放量的影响显著为负，排污许可证交易每增加1%，工业二氧化硫排放量下降0.0150%，即排污许可交易的环境目标2实现；环境污染治理投资对工业二氧化硫排放量的呈显著负向影响，工业治理投资增加1%，工业二氧化硫排放量会下降0.0970%，即环境污染治理投资总额的环境目标2实现；工业污染源治理投资对工业二氧化硫排放量的影响显著为负，工业污染源治理投资增加1%，工业二氧化硫排放量下降0.158%，即工业污染源治理投资的环境目标2实现。

从市场激励型环境规制工具对环境目标3（工业废水）的影响来看，

排污费对工业废水排放量的影响呈倒“U”型关系，表明排污收费增加会带来工业废水排放量先上升后下降，只有当排污费超过某一临界值，排污费才会起到环境治理的效果，从短期来看，排污费的环境目标3未实现；排污许可证交易对工业废水排放量的影响显著为负，排污许可证交易每增加1%，工业废水排放量下降0.0104%，即排污许可证交易的环境目标3实现；环境污染治理投资对工业废水排放量的具有显著负向影响显著，工业治理投资增加1%，工业废水排放量会下降0.0295%，即环境污染治理投资的环境目标3实现；工业污染源治理投资对工业废水排放量的影响不显著，工业污染源治理投资的环境目标3未实现。

从市场激励型环境规制工具对经济目标（工业总产值）的影响来看，排污费对工业总产值的影响显著为正，排污收费每增加1%，工业总产值会上升0.257%，即排污费的经济目标实现；排污许可证交易对工业总产值的影响不显著，排污许可交易的经济目标未实现；环境污染治理投资对工业总产值的影响显著为正，工业治理投资增加1%，工业总产值会上升0.478%，即环境污染治理投资的经济目标实现；工业污染源治理投资对工业总产值的影响不显著，表明工业污染源治理投资的经济目标未实现。

综上来看，排污费的环境目标未实现而经济目标实现，排污许可交易的环境目标实现而经济目标未实现，环境污染治理投资的环境目标和经济目标同时实现，工业污染源治理投资的环境目标和经济目标基本没有实现。从环境目标效果来看，效果从大到小依次排序为：环境污染治理投资总额、排污许可交易、工业污染源治理投资和排污费；从经济目标效果来看，效果从大到小依次排序为：环境污染治理投资总额、排污费、排污许可交易和工业污染源治理投资。排污费的环境目标未实现主要是因为政府目前征收排污费比重较低，促使企业接受惩罚进行污染的成本较低，只有当排污费比重超过一定限度才能实现环境治理。

3. 自愿性环境规制工具效果评价

表7－10给出了自愿性环境规制工具的效果评价结果。从自愿性环境规制工具对环境目标1（工业废气）的影响来看，投诉对工业废气排放量的影响显著为负，投诉量每增加1%，工业废气排放量会下降0.0499%，即投诉的环境目标1未实现；来访人数对工业废气排放量的影响显著为负，来访人数每增加1%，工业废气排放量下降0.0175%，即排污许可交易的环境目标1实现；宣传教育对工业废气排放量的影响不显著，宣传教育的环境目标1未实现。

表 7－10　　　　　　　自愿性环境规制工具的效果评价

	环境目标 1（工业废气）lnFQGY	环境目标 2（工业二氧化硫）$lnSO_2GY$	环境目标 3（工业废水）lnFSGY	经济目标（工业总产值）lnZCZ
lnTS	－0. 0499 *** （－4. 38）	－0. 0352 ** （－2. 71）	－0. 1020 *** （－8. 37）	0. 3080 *** （13. 55）
lnLF	－0. 0175 *** （－3. 38）	－0. 0210 *** （－3. 69）	0. 0079 （1. 83）	0. 0214 * （2. 11）
lnXC	0. 0129 （1. 85）	－0. 0168 * （－2. 24）	－0. 0230 *** （－4. 39）	0. 0934 *** （7. 58）
常数项	0. 6990 *** （4. 46）	6. 9620 *** （30. 34）	－4. 9740 *** （－40. 24）	1. 9010 *** （5. 33）
R^2	0. 6570	0. 6467	0. 6483	0. 7574
F	51. 26	71. 12	63. 71	65. 12
N	360	353	360	360

说明：限于篇幅，表中仅给出自愿性环境规制工具系数的估计结果，没有报告控制变量的系数。

从自愿性环境规制工具对环境目标 2（工业二氧化硫）的影响来看，投诉对工业二氧化硫排放量的影响显著为负，投诉量每增加 1%，工业二氧化硫排放量会下降 0. 0352%，即投诉的环境目标 2 实现；来访对工业二氧化硫排放量的影响显著为负，来访人数每增加 1%，工业二氧化硫排放量下降 0. 0210%，即来访的环境目标 2 实现；宣传教育对工业二氧化硫排放量的影响显著为负，宣传教育次数增加 1%，工业二氧化硫排放量会下降 0. 0168%，即宣传教育的环境目标 2 实现。

从自愿性环境规制工具对环境目标 3（工业废水）的影响来看，投诉对工业废水排放量的影响显著为负，投诉量每增加 1%，工业二氧化硫排放量会下降 0. 102%，即投诉的环境目标 3 实现；来访对工业废水排放量的影响不显著，来访人数的环境目标 3 未实现；宣传教育对工业废水排放量的影响显著为负，宣传教育次数增加 1%，工业废水排放量会下降 0. 0230%，即宣传教育的环境目标 3 实现。

从自愿性环境规制工具对经济目标（工业总产值）的影响来看，投诉对工业总产值的影响显著为正，投诉次数每增加 1%，工业总产值会上升 0. 308%，即投诉的经济目标实现；来访对工业总产值的影响显著为正，来访人数每增加 1%，工业总产值增加 0. 0214%，即来访的经济目标实现；宣传教育对工业总产值的影响显著为正，宣传教育次数增加 1%，工业总产值会上升 0.0934%，即宣传教育的经济目标实现。

综上来看，投诉、来访和宣传教育的环境目标和经济目标同时实现。从环境目标的效果来看，效果从大到小依次排序为：投诉、宣传教育和来访；从经济目标的效果来看，效果从大到小依次排序为：投诉、宣传教育和来访。这表明自愿性环境规制工具的政策效果一致且显著，为此，我国应加大自愿性环境规制工具的实施。

7.4.2 环境规制工具间的相合效应评价

基于所构建的环境规制工具相合效应评价模型，实证检验三类环境规制工具相互之间的相合效应，检验结果如下。

1. 命令控制型环境规制工具间的相合效应存在性检验

为了检验环境规制工具间相合效应的存在性，在回归模型中加入不同环境规制工具的交互项。表 7-11 给出了命令控制型环境规制工具间相合效应的存在性检验结果。如表 7-11 所示，"三同时"治理投资与环评之间在环境目标上存在正向相合效应，这两项政策强度提高 1% 会使工业废气排放量减少 0.0249%，工业二氧化硫排放量减少 0.0338%，工业废水排放量减少 0.0151%，而这两项政策在经济目标上不存在相合效应。颁发法规与颁发规章在环境目标 3 上存在正向相合效应，这两项政策强度提高 1%，会使工业废水排放量下降 0.0021%，但这两项政策在经济目标上存在负向相合效应，即这两项政策强度提高 1%，会使工业总产值下降 0.0090%。关停并转与环评在环境目标 2 存在正向相合效应，这两项政策强度提高 1%，会使工业二氧化硫排放量下降 0.0155%。其余变量在环境目标和经济目标上均不存在相合效应。

表 7-11　命令控制型环境规制工具间的相合效应存在性检验结果

	环境目标 1（工业废气）lnFQGY	环境目标 2（工业二氧化硫）$lnSO_2GY$	环境目标 3（工业废水）lnFSGY	经济目标（工业总产值）lnZCZ
STSTZ_YXPJ	-0.0249** (-3.22)	-0.0338*** (-4.26)	-0.0151*** (-3.44)	-0.0088 (-0.70)
STSTZ_BFFG	-0.0098 (-1.17)	-0.0017 (-0.22)	0.0025 (0.54)	-0.0175 (-1.04)
STSTZ_BFGZ	0.0041 (0.68)	0.0012 (0.22)	-0.0058 (-1.79)	-0.0133 (-1.19)

续表

	环境目标 1（工业废气）lnFQGY	环境目标 2（工业二氧化硫）$lnSO_2GY$	环境目标 3（工业废水）lnFSGY	经济目标（工业总产值）lnZCZ
STSTZ_GTBZ	0.0101 (1.66)	0.0105 (1.90)	0.0024 (0.73)	-0.0034 (-0.27)
YXPJ_BFFG	0.0132 (1.14)	-0.0024 (-0.22)	-0.0071 (-1.13)	-0.0104 (-0.42)
YXPJ_BFGZ	-0.0012 (-0.21)	0.0031 (0.59)	0.0058 (1.82)	0.0079 (0.63)
YXPJ_GTBZ	0.0032 (0.39)	-0.0155* (-2.03)	-0.0012 (-0.28)	0.0088 (0.53)
BFFG_BFGZ	0.0018 (0.91)	0.0001 (0.04)	-0.0021* (-2.02)	-0.0090* (-2.50)
BFFG_GTBZ	-0.0089 (-1.52)	0.0096 (1.76)	-0.0045 (-1.39)	-0.0105 (-0.85)
BFGZ_GTBZ	-0.0059 (-1.63)	-0.0005 (-0.15)	0.0017 (0.84)	-0.0043 (-0.56)
常数项	-1.128 (-1.19)	11.500*** (13.15)	-1.055* (-2.16)	1.359* (2.14)
R^2	0.8787	0.4365	0.7219	0.7574
F	118.53	11.74	44.99	65.12
N	360	353	360	360

说明：限于篇幅，表中仅给出命令控制型环境规制工具交互项的估计结果。

从实证检验结果来看，命令型环境规制工具中只有“三同时”治理投资与环评、颁发法规与颁发规章、关停并转与环评等 3 个工具组合在环境目标上存在正相合效应。颁发法规与颁发规章在经济目标上存在负相合效应。

2. 市场激励型环境政策工具间的相合效应存在性检验

表 7－12 给出了市场激励型环境规制工具间相合效应的存在性检验结果。如表 7－12 所示，排污费与环境治理投资在环境目标 3 上存在正向相合效应，表明这两项政策强度提高 1%，工业废水排放量会下降 0.0186%。排污费与环境治理投资在经济目标上存在负向相合效应，这两项政策强度提高 1%，工业总产值会下降 0.0435%。排污费与工业治理投资在环境目

标2上存在正向相合效应，在经济目标上存在负向相合效应，这两项政策强度提高1%，会使工业二氧化硫排放量减少0.1000%，工业总产值下降0.1610%。排污许可证交易与环境治理投资在环境目标1上存在正向相合效应，这两项政策强度提高1%，会使工业废气排放量下降0.0627%。排放许可证交易与工业治理投资在环境目标1上存在负向相合效应，这两项政策强度提高1%，会使工业废气排放量增加0.0900%。环境治理投资与工业治理投资在环境目标2和环境目标3上存在正向相合效应，在经济目标上存在正向相合效应，这两项政策强度提高1%，会使工业二氧化硫排放量下降0.0259%，工业废水排放量下降0.0651%，工业总产值增加0.268%。其余工具间在环境目标和经济目标上均不存在相合效应。

表7-12　　市场激励型环境规制工具间的相合效应存在性检验结果

	环境目标1（工业废气）lnFQGY	环境目标2（工业二氧化硫）$lnSO_2GY$	环境目标3（工业废水）lnFSGY	经济目标（工业总产值）lnZCZ
PWF_PWJY	-0.0207 (-0.65)	-0.0770 (-1.75)	0.0017 (0.07)	0.0369 (0.88)
PWF_ZLTZ	0.0072 (0.65)	0.0231 (1.23)	-0.0186* (-2.06)	-0.0435** (-2.80)
PWF_ZLTZGY	-0.0282 (-1.49)	-0.1000** (-3.19)	-0.0188 (-1.08)	-0.1610*** (-5.89)
PWJY_ZLTZ	-0.0627* (-2.52)	-0.0177 (-0.57)	-0.0095 (-0.44)	0.0233 (0.62)
PWJY_ZLTZGY	0.0900* (2.01)	0.0122 (0.22)	0.0178 (0.44)	-0.0308 (-0.46)
ZLTZ_ZLTZGY	-0.0008 (-0.07)	-0.0259* (-2.09)	-0.0651*** (5.22)	0.2680*** (14.71)
常数项	0.634* (2.17)	5.703*** (13.29)	-5.052*** (-25.10)	0.575 (1.36)
R^2	0.6787	0.6765	0.5219	0.5674
F	58.53	51.74	41.99	65.12
N	360	353	360	360

说明：限于篇幅，这里仅给出市场激励型环境规制工具交互项的估计结果。

从实证检验结果来看，市场激励型环境规制工具中的排污费与环境治理投资、排污费与工业治理投资、排污许可证交易与环境治理投资、环境治理投资与工业治理投资等 4 个工具组合在环境目标上存在正相合效应。环境治理投资与工业治理投资在经济目标上存在正相合效应，而排污费与环境治理投资、排污费与工业治理投资等 2 个工具组合在经济目标上存在负相合效应。

3. 自愿型环境规制工具间的相合效应存在性检验

表 7－13 给出了自愿型环境规制工具间相合效应的存在性检验结果。如表 7－13 所示，投诉与宣传教育在环境目标 2 上存在正向相合效应，这两项政策的强度增加 1%，会使工业二氧化硫排放量减少 0.0176%，工业固废排放量额外减少 0.0198%。其他自愿型环境规制工具在环境目标和经济目标上均不存在相合效应。

表 7－13　　自愿型环境规制工具间的相合效应存在性检验结果

	环境目标 1 （工业废气） lnFQGY	环境目标 2 （工业二氧化硫） $lnSO_2GY$	环境目标 3 （工业废水） lnFSGY	经济目标 （工业总产值） lnZCZ
TS_LF	－0.0010 （－0.29）	－0.0011 （－0.32）	0.0005 （0.14）	0.0132 （1.84）
TS_XC	－0.0070 （－1.76）	－0.0176*** （－4.83）	－0.0048 （－1.13）	－0.0046 （－0.60）
LF_XC	－0.0043 （－1.22）	0.0053 （1.72）	－0.0004 （－0.10）	－0.0114 （－1.91）
常数项	－0.961 （－1.15）	12.440*** （18.54）	－5.000*** （－23.86）	1.033* （2.02）
R^2	0.8606	0.3982	0.5219	0.7674
F	163.54	17.15	41.99	65.12
N	360	360	360	360

说明：考虑到篇幅大小，这里仅给出自愿性环境规制工具交互项的估计结果。

4. 命令控制型规制工具与市场激励型规制工具间的相合效应存在性检验

由于目前我国的环境规制政策工具仍然以命令控制型和市场激励型为主，自愿型环境规制工具较少，且效果不显著，这里仅检验命令控制型环境规制工具与市场激励型环境规制工具间的相合效应。

表 7－14 给出了命令控制型环境规制工具和市场激励型环境规制工具

间相合效应的存在性检验结果。“三同时”治理投资与排污费在环境目标1上存在负向相合效应，在经济目标上存在正向相合效应，这两项政策的强度增加1%，会使工业废气排放量增加0.0061%，工业总产值值会增加0.0185%。“三同时”治理投资与环境治理投资在环境目标1和环境目标3，以及经济目标上同时存在正向相合效应，这两项政策的强度增加1%，会使工业废气排放量会减少0.0383%，工业废水排放量会减少0.0179%，工业总产值增加0.102%。“三同时”治理投资与工业治理投资在环境目标2、环境目标3和经济目标上存在负向相合效应。环评与排污费在环境目标2上存在负向相合效应，在经济目标上存在正向相合效应，这两项政策的强度增加1%，会使工业二氧化硫排放增加0.0157%，工业总产值增加0.0152%。环评与环境治理投资在环境目标1、环境目标3和经济目标上存在负向相合效应。环评与工业治理投资在环境目标和经济目标上都存在正向相合效应，这两项政策的强度增加1%，会使工业废气排放量下降0.0418%，工业二氧化硫排放量下降0.0447%，工业废水排放量下降0.0235%，工业总产值增加0.1300%。颁布法规与排污许可证交易在在经济目标上存在正向相合效应，这两项政策的强度增加1%，会使工业总产值增加0.075%。颁布法规与环境治理投资在环境目标3上存在负向相合效应，颁布法规与工业治理投资在环境目标3上存在正向相合效应，颁布规章与排污费在环境目标3上存在负向相合效应，颁布规章与排污许可证交易在环境目标3上存在正向相合效应。关停并转与排污费在环境目标2和环境目标3上存在负向相合效应，这两项政策的强度增加1%，会使工业二氧化硫排放量增加0.00631%，工业废水排放量增加0.00213%。其余变量间在环境目标和经济目标上均不存在相合效应。

表7-14　命令控制型和市场激励型规制工具间相合效应的存在性检验结果

	环境目标1（工业废气）lnFQGY	环境目标2（工业二氧化硫）$lnSO_2GY$	环境目标3（工业废水）lnFSGY	经济目标（工业总产值）lnZCZ
STSTZ_PWF	0.0061* (2.14)	-0.0062 (-1.52)	0.0022 (1.49)	0.0185** (3.18)
STSTZ_PWJY	-0.0062 (-0.28)	0.0253 (0.81)	0.0087 (0.74)	0.0316 (0.68)
STSTZ_ZLTZ	-0.0383* (-2.54)	-0.0408 (-1.91)	-0.0179* (-2.23)	0.1020*** (3.95)

续表

	环境目标 1（工业废气）lnFQGY	环境目标 2（工业二氧化硫）$lnSO_2GY$	环境目标 3（工业废水）lnFSGY	经济目标（工业总产值）lnZCZ
STSTZ_ZLTZGY	0. 0480 (1. 85)	0. 0888 * (2. 44)	0. 0337 * (2. 48)	−0. 1520 *** (−3. 51)
YXPJ_PWF	0. 0021 (0. 74)	0. 0157 *** (4. 59)	0. 0016 (1. 07)	0. 0152 ** (3. 18)
YXPJ_PWJY	−0. 0043 (−0. 27)	−0. 0128 (−0. 56)	0. 0013 (0. 15)	−0. 0169 (−0. 51)
YXPJ_ZLTZ	0. 0269 * (2. 26)	0. 0090 (0. 55)	0. 0160 * (2. 51)	−0. 0620 ** (−3. 04)
YXPJ_ZLTZGY	−0. 0418 * (−2. 16)	−0. 0447 * (−1. 69)	−0. 0235 * (−2. 30)	0. 1300 *** (4. 03)
BFFG_PWF	−0. 0006 (−0. 33)	−0. 0009 (−0. 34)	−0. 0015 (−1. 47)	−0. 0018 (−0. 46)
BFFG_PWJY	0. 0086 (0. 44)	−0. 0041 (−0. 17)	0. 0010 (0. 10)	0. 0750 * (2. 12)
BFFG_ZLTZ	−0. 0056 (−0. 62)	−0. 0213 (−1. 50)	0. 0127 ** (2. 60)	0. 0202 (1. 18)
BFFG_ZLTZGY	0. 0013 (0. 09)	0. 0338 (1. 49)	−0. 0155 * (−2. 01)	−0. 0353 (−1. 27)
BFGZ_PWF	0. 0001 (0. 22)	0. 0016 (1. 80)	0. 0009 * (2. 45)	−0. 0003 (−0. 19)
BFGZ_PWJY	−0. 0129 (−1. 31)	−0. 0191 (−1. 79)	−0. 0114 * (−2. 16)	−0. 0246 (−1. 39)
BFGZ_ZLTZ	−0. 0026 (−0. 33)	−0. 0000 (−0. 00)	−0. 0013 (−0. 30)	0. 0062 (0. 42)
BFGZ_ZLTZGY	0. 0107 (0. 76)	−0. 0012 (−0. 08)	0. 0038 (0. 50)	−0. 0065 (−0. 25)
GTBZ_PWF	−0. 0006 (−0. 31)	0. 0063 * (2. 38)	0. 00213 * (2. 13)	0. 0039 (1. 08)
GTBZ_PWJY	0. 0180 (1. 47)	−0. 0018 (−0. 10)	−0. 0086 (−1. 34)	−0. 0033 (−0. 13)
GTBZ_ZLTZ	0. 0001 (0. 02)	−0. 0089 (−0. 83)	−0. 0034 (−0. 99)	0. 0076 (0. 59)

续表

	环境目标 1（工业废气）lnFQGY	环境目标 2（工业二氧化硫）$lnSO_2GY$	环境目标 3（工业废水）lnFSGY	经济目标（工业总产值）lnZCZ
GTBZ_ZLTZGY	0. 00194 (0. 19)	-0. 0049 (-0. 28)	-0. 0016 (-0. 30)	-0. 0414 (-1. 94)
常数项	0. 840 (1. 01)	8. 468 *** (30. 31)	-0. 668 (-1. 37)	4. 457 *** (12. 98)
R^2	0. 8809	0. 6982	0. 7376	0. 7674
F	82. 99	57. 15	32. 86	65. 12
N	360	360	360	360

说明：限于篇幅，这里仅给出命令控制型和市场激励型环境规制工具交互项的估计结果。

从实证检验结果来看，“三同时”治理投资与环境治理投资、环评与工业治理投资、颁布法规与工业治理投资、颁布规章与排污许可证交易等4个工具组合在环境目标上具有正相合效应。“三同时”治理投资与排污费、“三同时”治理投资与环境治理投资、环评与排污费、环评与工业治理投资、颁布法规与排污许可证交易等5个工具组合在经济目标上具有正相合效应。“三同时”治理投资与工业治理投资、环评与排污费、环评与环境治理投资、颁发法规与环境治理投资、颁发规章与排污费、关停并转与排污费等6个工具组合在环境目标上具有负相合效应。“三同时”治理投资与工业治理投资、环评与环境治理投资等2个工具组合在经济目标上具有负相合效应。

7.5　环境规制工具的组合设计

在充分评估环境规制工具效果和环境规制工具间相合效应基础上，选择具有正向相合效应的政策组合，来模拟环境规制政策工具组合的政策效果，并提出环境规制政策工具组合设计建议。

表7-15给出了环境目标下的环境规制工具相合效应情况，表7-16给出了经济目标下的环境规制工具相合效应情况。表7-15和表7-16中具有正向相合效应中的环境规制工具应同时使用，而具有负向相合效应的环境规制工具应避免同时使用。在环境规制政策工具的组合设计中，本文

选择具有正向相合效应的环境规制工具组合，剔除具有负向相合效应和不具有相合效应的组合。

表 7-15　环境目标下的规制工具相合效应

	三同时	环评	法规	规章	关停并转	排污费	排污交易	环境治理投资	工业治理投资	投诉	来访	宣传教育
三同时	—	正	无	无	负	负	无	正	负	—	—	—
环评	正	—	无	无	正	负	无	负	正	—	—	—
法规	无	无	—	正	无	无	正	正	正	—	—	—
规章	无	无	正	—	无	负	正	无	无	—	—	—
关停并转	负	正	无	无	—	负	无	无	无	—	—	—
排污费	负	负	无	负	负	—	无	正	正	—	—	—
排污交易	无	无	正	正	无	无	—	正	负	—	—	—
环境治理投资	正	负	正	无	无	正	正	—	正	—	—	—
工业治理投资	负	正	正	无	无	正	负	正	—	无	无	无
投诉	—	—	—	—	—	—	—	—	无	—	无	正
来访	—	—	—	—	—	—	—	—	无	无	—	无
宣传教育	—	—	—	—	—	—	—	—	无	正	无	—

说明：“正”表示正相合效应，“负”表示负相合效应，“无”表示没有相合效应，“—”表示无须检验相合效应。

表 7-16　经济目标下的规制工具相合效应

	三同时	环评	法规	规章	关停并转	排污费	排污交易	环境治理投资	工业治理投资	投诉	来访	宣传教育
三同时	—	无	无	无	无	正	无	正	负	—	—	—
环评	无	—	无	无	无	正	无	负	正	—	—	—
法规	无	无	—	负	无	无	正	无	无	—	—	—
规章	无	无	负	—	无	无	无	无	无	—	—	—
关停并转	无	无	无	无	—	无	无	负	无	—	—	—
排污费	正	正	无	无	无	—	无	无	负	—	—	—
排污交易	无	无	正	无	无	无	—	无	无	—	—	—
环境治理投资	正	负	无	无	负	无	无	—	正	—	—	—

续表

	三同时	环评	法规	规章	关停并转	排污费	排污交易	环境治理投资	工业治理投资	投诉	来访	宣传教育
工业治理投资	负	正	无	无	无	负	无	正	—	无	无	无
投诉	—	—	—	—	—	—	—	—	无	—	无	无
来访	—	—	—	—	—	—	—	—	无	无	—	无
宣传教育	—	—	—	—	—	—	—	—	无	无	无	—

说明："正"表示正相合效应，"负"表示负相合效应，"无"表示没有相合效应，"—"表示无须检验相合效应。

表7－17给出了环境规制工具组合效果的模拟结果。针对不同的政策目标，根据环境规制政策工具效果，剔除未能实现政策目标的工具变量，引入存在正相合效应的组合变量，发现"三同时"治理投资、环评、颁发法规和颁发规章等命令型规制工具，排污费、环境治理投资和工业治理投资等市场激励型规制工具，以及投诉和宣传教育等自愿型规制工具的组合使用，可以较好地发挥政策组合效果。这些政策强度增加1%，会额外带来工业废气排放量减少0.0061%，工业二氧化硫排放量减少0.0786%，工业废水排放量减少0.0862%，工业总产值增加0.2212%。总的来说，目前我国的现有大部分环境规制工具组合的环境效果和经济效果可以接受，但是命令型规制工具占主导地位，自愿型规制工具较少，效果不明显。对于不同地区来说，环境规制政策工具会有所差异，也不一定涵盖所有的政策工具类型，因此政府环境部门应重点关注具有不同相合相应的工具选择，尽量选择具有正相合效应的工具组合，同时也应注意避免使用那些在环境目标和经济目标上存在相反作用的工具组合。

表7－17　　　　环境规制工具的组合效果模拟结果

	环境目标1（工业废气）lnFQGY	环境目标2（工业二氧化硫）$lnSO_2GY$	环境目标3（工业废水）lnFSGY	经济目标（工业总产值）lnZCZ
BFFG	－0.0254** （－2.70）			
lnYXPJ	－0.0484 （－0.80）	－0.1140* （－1.96）	－0.1350** （－2.61）	－0.1910 （－0.74）

续表

	环境目标1（工业废气）lnFQGY	环境目标2（工业二氧化硫）$lnSO_2GY$	环境目标3（工业废水）lnFSGY	经济目标（工业总产值）lnZCZ
lnSTSTZ	-0.0840 (-1.18)	-0.193* (-2.48)	-0.132* (-2.12)	0.970*** (3.98)
lnPWF	0.1540*** (5.07)	0.1210*** (3.70)	-0.1130** (-3.23)	0.3470** (2.93)
lnPWF^2	-0.0357** (4.29)	-0.0126*** (2.75)	-0.0379** (2.98)	
PWJY	-0.0129* (-2.31)	-0.0190* (-1.96)	-0.0265* (-1.98)	
lnZLTZ	-0.1160** (-3.01)	-0.0088 (-0.16)	-0.1730* (-2.15)	0.1310* (2.51)
lnTS	-0.0641*** (-4.91)	0.0151 (0.90)	-0.1040*** (-7.90)	0.0799*** (4.05)
lnLF	0.0119* (2.12)	0.0223*** (5.24)		0.0143* (1.83)
STSTZ_YXPJ	0.0096 (1.02)	-0.0180* (-1.88)	-0.0095 (-1.22)	
STSTZ_ZLTZ	-0.0065 (-1.05)	-0.0119* (-2.02)	-0.0043* (-1.87)	0.0190* (2.21)
YXPJ_ZLTZGY	-0.0061* (-2.48)	-0.0189* (-1.94)	-0.0030 (-1.20)	0.0413*** (3.91)
常数项	1.089** (2.67)	11.48*** (15.88)	-5.019*** (-17.48)	0.538 (0.47)
R^2	0.8809	0.5321	0.7376	0.7674
F	82.99	14.83	32.86	65.12
N	360	353	360	360

说明：限于篇幅，表中仅给出环境规制工具组合模拟结果，没有报告控制变量的系数。

7.6 本章小结

本章构建了环境规制工具组合效果的评价模型，设计了环境规制工具效果及相合效应存在性的评价标准，使用2001~2012年我国省际面板数据（西藏除外）实证检验了环境规制工具效果及相合效应。具体来说，本章首先分别检验了命令控制型环境规制工具、市场激励型环境规制工具和自愿性环境规制的经济目标和环境目标的实现效果；然后分别检验了不同命令控制型环境规制工具间的相合效应、不同市场激励型环境规制工具间的相合效应、自愿型环境规制工具间的相合效应，以及命令控制型环境规制工具与市场激励型环境规制工具间的相合效应，找出了类型环境规制工具组合。在此基础上，剔除政策目标未实现的环境规制工具，选择具有正向相合效应的工具组合，来模拟环境规制工具组合的政策效果，结果表明“三同时”治理投资、环评、颁发法规、颁发规章、排污费、环境治理投资、工业治理投资、投诉和宣传教育的组合使用可以同时实现环境目标和经济目标，说明我国目前的大部分环境规制工具的组合应用可以发挥正相合作用，达到规制目的，但是各个规制工具之间的组合效果却存在明显差异。

本章研究结论具有以下政策含义：一是政府在评价环境规制政策工具的效果时，不应仅仅关注单一规制工具的作用，而应重点评价各个规制工具的组合效果，选择能够发挥正相合效应的工具组合，实现最优规制效果。二是政府应该建立种类齐全、优势互补的环境规制工具箱，并形成持续补充和改进的机制，为制定环境规制工具的最优组合提供足够的选择。三是环境规制工具的选择应满足不同目标群体的利益诉求，政府、企业和公众对环境规制工具具有不同的偏好，应形成多主体合作环境治理的方式，以便更好地分析各种规制工具的利弊，构建满足不同主体利益的规制工具组合。四是针对目前我国的环境规制工具仍以命令型规制工具占主导，市场型规制工具执行不到位，自愿型规制工具缺乏的现状，顺应世界环境规制的发展趋势，充分发挥市场和公众在环境规制中的作用，不断创新市场型规制工具的类型和提升工具执行效果，扩大公众参与环境规制的参与度，逐步确立市场和公众在环境规制中的主导地位。五是为了最大化发挥环境规制工具的政策效果，实现环境目标与经济目标协调化，政府应根据实际的目标和需求，同时考虑不同的地区差异，借助环境规制工具的正向相合效应，推出政策组合拳，更好地发挥环境规制的效果，促进经济社会的可持续协调发展。

第8章　内生性环境治理的环境规制抉择优化机制

8.1　引　　言

前面章节从宏观视角研究了环境规制对经济可持续发展的影响以及不同类型环境规制工具的效果及组合效应，本章重点从微观视角，研究激发企业内生性环境治理动机的环境规制政策抉择机制，进一步挖掘政府环境规制政策设计的依据。

环境污染的外部性特征导致了污染主体的收益成本不对称，致使污染问题的解决需要政府环境规制政策的干预。从西方国家的经验来看，环境税的征收有助于环境外部性问题的解决。图洛克（Tullock，1967）、尼斯和鲍尔（Kneese & Bower，1968）及皮尔斯（Pearce，1991）等研究表明环境税可以实现环境改善和社会福利提升的双重红利。武田（Takeda，2007）基于多部门 CGE 模型，研究发现环境税双重红利的存在性存在争议，当环境税替代资本税时，双重红利存在；但当环境税替代消费税和劳动税时，双重红利不存在。格拉迪和斯马尔德斯（Gradus & Smulders，1993）最先在增长理论的框架中考虑了环境要素，发现污染治理需要通过环保 R&D 来实现，但他们的研究没有考虑环境税。博芬博格和莫伊（Bovenberg & Mooij，1991）在增长框架中对最优环境税率进行了研究，对环境税双重红利的存在性提出质疑。博芬博格和莫伊（Bovenberg & Mooij，1997）采用内生增长理论，研究表明如果污染与其他生产要素可以替代，则最优环境税水平低于庇古税水平；反之，最优环境税水平高于庇古税水平。富勒顿和吉姆（Fullerton & Kim，2006）从经济增长和社会福利视角，研究发现经济增长最大化和社会福利最大化的最优环境税是不等价的。李齐云等（2007）基于一般均衡模型，研究表明当存在其他扭曲性税收时，最优环境税率低于庇古税税率。刘凤良和吕志华（2009）在内生增长理论框架下研究了最优环境税，研究发现环境税可以提高环境再生能力或居民环境偏好度的配套政策改善环境质量的作用，进而提高经济增长率和社会福利水平。

然而，现有研究忽略了企业的内生性环境治理是解决环境问题的根本原因，政府的环境规制政策只是激发企业内生性环境治理动机的手段，政府的最优环境税收政策应以最大化激发企业内生性环境治理动机为目的。但是，政府以最大化企业内生性环境治理动机为目标时的最优环境税率可能会带来资源扭曲，损害经济增长和社会福利，即政府的经济增长最大化目标、社会福利最大化目标和企业内生性环境治理动机最大化目标间可能会相互冲突。那么，现实中排污收费率过低是否源自政策目标间的相互冲突？多重目标相互掣肘下政府的环境税收政策抉择机制是什么？如何优化政府的环境税收抉择机制？如果将政府的环境税赋以环保基金的形式对环境治污技术研发投入进行专项补贴能否改善环境政策的抉择困境？基于这些问题，本章构建加入环境污染的负外部性的动态一般均衡模型，同时在考虑政府环境税的情况下，实施技术研发的转型补贴，来分析企业的内生性治理的环境规制政策抉择机制。

8.2　内生性环境治理的环境规制抉择机制理论模型

为构建内生性环境治理的环境规制政策抉择机制理论模型，做出如下界定。环境资源是生产过程中不可缺少的一种生产要素，作为一种能源资本投入参与生产过程，环境资源投入量的增加和物质资本、人力资本相互配合下生产出最终产品，因此，模型将环境资源以生产要素的形式引入生产函数。环境资源包括化石能源、土地、水和空气等，这些资源需要通过物质资本和人力资本共同作用才能生产出来，为此，模型中引入一个能源企业。从环境资源的自身属性来看，环境资源的使用会增加污染排放，损害环境质量，而环境质量的高低直接影响生产场所、生产条件和人力资本的劳动生产率等，产生负的外部性。借鉴卢卡斯（Lucas，1988），在生产函数中引入环境质量恶化带来的生产活动的负外部性。另外，我国税收体系以流转税为主，所得税占比很低，因此，模型中抽象了资本所得税等其他税制形式。假设政府仅征收环境税，从而研究环境税、污染排放与经济增长之间的关系。现实经济中企业的内生性环境治理动机总是被环境政策被动激发出来，因此，假设企业会根据政府环境税收政策的变化来改变其环境 R&D 投入。

1. 生产企业

在经济学中分析企业的生产行为一般采用 Cobb - Douglas 生产函数，以资本和劳动作为生产的投入要素。在环境经济学的分析中，为了刻画生产行为对于环境的污染情况，往往在生产函数中加入环境资源投入要素（Fischer & Springborn，2011）。企业通过资本、劳动和环境资源来生产最终产品，在生产过程中消耗环境资源的同时产生污染排放。企业的污染排放量不仅取决于环境资源消耗量，还取决于环境技术水平。环境资源消耗量越多，企业的污染排放量越大；环境技术水平越高，企业的污染排放量越低。

企业的生产函数可表示如下：

$$Y_t = [1 - d(X_t)] A_{1t} K_{1t}^{\alpha_1} L_{1t}^{\beta_1} E_t^{\gamma_1} \tag{8-1}$$

其中，Y_t 表示企业的总产出，A_{1t}表示全要素生产率，K_{1t}表示资本投入要素，L_{1t}表示劳动投入要素，E_t 表示企业生产过程中的环境资源使用量。X_t 表示环境污染存量，$d(X_t)$ 表示环境污染状况对企业生产带来负的外部性。$d'_X(X_t) > 0$，且 $d''_{XX}(X_t) > 0$，表明环境污染造成的企业生产效率损失随着环境污染的加重而增加。

企业生产带来环境污染的行为表示如下：

$$EM_t = g(Z_t, E_t) = \frac{\rho_1 E_t^{\rho_2}}{Z_t} \tag{8-2}$$

其中，EM_t 表示企业的污染排放量，Z_t 表示企业的环境治理或者减排技术。显然，$g_z(Z_t, E_t) < 0$，企业环境治理或者减排技术水平越高，企业的污染排放就会越低；$g_E(Z_t, E_t) > 0$，企业生产中使用的环境资源越多，企业的污染排放就会越多。

企业的环境技术研发需要投入研发费用，该行为表示如下：

$$e_t = h(Z_t) = \rho_3 (Z_t - 1)^{\rho_4} \tag{8-3}$$

其中，e_t 表示企业的研发费用。$h_z(Z_t) > 0$，表明企业环境技术水平越高，企业研发投入越高，这在很大程度上也会提高企业的生产效率。这是因为，对于重视环境技术研发的企业而言，企业环境技术水平的提升，有助于提高企业产品的绿色技术含量；或者，企业在环境技术研发过程中，人力资本存量得以提高，具备良好的物质研发条件，更有利于企业实施研发战略。因此，假设企业较高的环境技术水平有利于提高企业的全要素生产率，函数形式表示如下：

$$A_{1t} = B_t f(Z_t) = B_t(1 + \rho_5 Z_t^{\rho_6}) \quad (8-4)$$

其中，B_t 表示除环境技术以外影响企业全要素生产率的所有其他因素。企业生产过程中产生的环境污染具有负外部性，尽管企业不会将其作为生产决策变量，但是其生产的负外部性会给企业带来负的影响。从宏观视角来看，众多企业污染行为带来的生态环境恶化，会造成极端气候的出现、农业生产条件的恶化、人力资本水平的下降和政府更严格的环境规制措施等；从微观视角来看，个体企业的污染行为，会给公众的身心健康带来不利影响，以至于遭到公众或者环境社会组织的谈判、起诉等。当然，环境污染是一个累积的存量效果，具有“时空错位”的特征。企业污染排放造成的生态破坏行为方程可表示如下：

$$X_t = \eta X_{t-1} + EM_t \quad (8-5)$$

式（8－5）为生态环境恶化的一阶自回归过程，环境本身有一定的污染自降解能力，η 表示环境的污染降解系数。如果每期的污染排放量过大，超出了环境自我降解能力，则会造成环境的进一步恶化。

企业在既定的市场价格体系下，通过要素数量的选择，追求利润最大化。同时，由于企业生产排放污染，带来环境的负外部性，政府通过征收环境税来改善其外部性。当然，企业也可以通过自身环境技术或者减排技术水平的提高，减少政府施加的税收负担。企业的目标利润函数可以表示为

$$\prod_{1t} = Y_t - r_t K_{1t} - w_t L_{1t} - P_t^E E_t - \tau EM_t - (1-\theta) e_t \quad (8-6)$$

其中，$\prod_{1t}$ 表示企业的总利润，r_t、w_t、P_t^E 分别表示企业使用资本、劳动和环境资源的价格，e_t 表示企业环境技术的研发费用，τ 表示政府针对污染排放征收的环境税，θ 表示政府针对企业环境技术研发费用的补贴率。

企业内生性环境治理相机抉择行为的均衡应是：企业通过环境技术研发投入所带来的边际收益等于企业接受税费惩罚所带来的边际收益，即企业主动进行环境技术研发进而实现污染减排或是被动接受政府税费的效果是一致的，实现生产总成本最低。

模型中企业通过环境技术研发投入获得的边际收益来源于两种途径：一是环境技术对于污染排放量下降所带来的税收减少的收益；二是全要素生产率的提高带来的生产收益。企业通过接受税收惩罚所带来的边际收益是指企业接受税收惩罚所增加的环境资源使用所带来的增产收益。当企业通过技术研发带来的边际收益大于税收缴纳所带来的增产收益时，企业就

会更有动力进行环境技术的研发。然而，在实际经济中，由于政府征收的税率过低，使得企业通过被动接受税收惩罚所带来的增产收益更大，促使企业更倾向于被动接受政府的税收惩罚，企业没有激励通过技术研发进行污染治理。

2. 能源企业

企业生产过程中所消耗的环境资源是在市场机制下购买的，能源企业通过资本和劳动生产环境资源，例如，化石原料的开采、水资源的供应等。能源企业生产函数表示如下：

$$\overline{E}_t = A_{2t}K_{2t}^{\alpha_2}L_{2t}^{1-\alpha_2} \tag{8-7}$$

能源企业的利润函数为

$$\prod_{2t} = P_t^E\overline{E}_t - r_tK_{2t} - w_tL_{2t} \tag{8-8}$$

其中，$\prod_{2t}$ 表示能源企业的总利润，r_t、w_t、P_t^E 分别表示企业使用资本、劳动和环境资源的价格。

3. 公众

在公共治理模式下，公众可以减少预防性健康储蓄增加消费等方式刺激企业的内生化治理行为。从公众角度来看，公众追求效用最大化，消费会给公众带来正效用，具体表达式如下：

$$\max \sum_{t=0}^{\infty}\beta^t\frac{C_t^{1-\sigma_1}}{1-\sigma_1} \tag{8-9}$$

公众的预算约束函数方程式表达如下：

$$C_t + S_t + H_t(X_t) \leqslant r_tK_t + w_tL_t + \prod_t + T_t \tag{8-10}$$

其中，S_t 为公众的资本储蓄，$H_t(X_t)$ 为公众的预防性健康储蓄，$K_t = K_{1t} + K_{2t}$。T_t 表示政府给公众的转移支付。$H' > 0$，表示公众对未来环境恶化的预期越严重，则其预防性健康储蓄越高。当公众通过包括环境社会组织等各种渠道获知环境质量将会改善时，公众会减少预防性健康储蓄，使得公众进行消费和投资的财富收入增加，会增加消费和投资，使得企业产出增加和资本使用利率下降，为企业带来额外收益。

4. 政府

在公共治理模式下，政府通过税收政策激发企业内生性环境治理动机，并将其补贴给企业的环境技术研发投入，具体来看，政府部门可以一方面适度地增加税收，另一方面扶持企业新技术生产线的购买或者环境技术研发的投入。因此，政府的预算约束方程为

$$\tau EM_t = \theta e_t + T_t \tag{8-11}$$

政府需要选择最恰当的税赋比重来引导企业内生性环境治理行为。现实经济中，政府可能知道自身征收的税赋过轻，无法约束企业的污染行为，但是政府很难加大企业税赋。原因在于，一是税赋加大会影响经济增长，损害社会福利；二是如果税赋加重，政府就需要投入更多的人力、物力进行监督和检查，政府行政支出可能超过税收收入的总额，以至于税收的财权和事权的匹配不能发挥效果；三是税赋提高会加大企业与地方政府之间的寻租行为，在缺乏监督的情况下，税费加重，使得企业更有激励与地方政府达成寻租契约，地方政府人员的“经济人”特征，政绩考核目标，跨区域污染的外部性等因素，使得地方政府有动机降低环境政策的执法标准；四是即使加大税赋，很多中小企业也根本无法通过技术研发或者新技术购买来减少污染。因此，政府就需要清楚税赋增加对经济增长和社会福利的影响以及企业内生性环境治理的最大承载能力。

5. 市场出清条件

产品市场出清：
$$C_t + S_t = Y_t \tag{8-12}$$

资本市场出清：
$$S_t = I_t \tag{8-13}$$

能源市场出清：
$$E_t = \overline{E}_t \tag{8-14}$$

资本形成方程：
$$I_t = K_{t+1} - (1-\delta)K_t \tag{8-15}$$

劳动市场出清：
$$L_{1t} + L_{2t} = 1 \tag{8-16}$$

总的来说，在公共治理模式下，政府税赋提高的比重可以低于权威式治理模式。政府通过适度的税费提高，并且对企业生产环境技术进行补贴的同时实现环境治理，降低了公众的预防性健康支出，为企业带来额外收益，降低企业接受税收惩罚带来的边际收益。另外，企业环境技术创新为企业带来了额外的技术创新效应，有助于降低企业的寻租动机；就地方政府而言，在环境社会组织的参与下，社会监督机制得以完善，约束了地方政府的环境管制政策监督行为，减少了寻租空间。从公众角度来看，通过环境社会组织或者其他媒体渠道的宣传，公众了解企业采用环境技术的生产行为，降低其预防性健康储蓄，增加消费和投资，使得额外的利益通过市场机制在公众和企业之间分配。

6. 模型求解

本模型要解决的最优化问题就是求解下面的最优化系统。

（1）生产企业的最优化系统。

企业的利润最大化问题可表示为

$$\max \prod_{1t} = Y_t - r_t K_{1t} - w_t L_{1t} - P_t^E E_t - \tau EM_t - (1-\theta) e_t \tag{8-17}$$

由最优性条件可求得 4 个一阶条件：

$$\frac{\alpha_1 Y_t}{K_{1t}} = r_t \tag{8-18}$$

$$\frac{\beta_1 Y_t}{L_{1t}} = w_t \tag{8-19}$$

$$\frac{\gamma_1 Y_t}{E_{1t}} = P_t^e + \tau g_E(Z_t,\ E_t) \tag{8-20}$$

$$\frac{f'(Z_t)}{f(Z_t)} Y_t - \tau g_Z(Z_t, E_t) - (1-\theta) h'(Z_t) = 0 \tag{8-21}$$

$$Y_t = [1 - d(X_t)] B_t f(Z_t) K_{1t}^{\alpha_1} L_{1t}^{\beta_1} E_t^{\gamma_1} \tag{8-22}$$

（2）能源企业的最优化系统。

能源企业的利润最大化问题可表示为

$$\max \prod_{2t} = P_t^E \overline{E}_t - r_t K_{2t} - w_t L_{2t} \tag{8-23}$$

由最优性条件可求得两个一阶条件：

$$\frac{\alpha_2 P_t^E \overline{E}_t}{K_{2t}} = r_t \tag{8-24}$$

$$\frac{(1-\alpha_2) P_t^E \overline{E}_t}{L_{2t}} = w_t \tag{8-25}$$

$$\overline{E}_t = A_{2t} K_{2t}^{\alpha_2} L_{2t}^{1-\alpha_2} \tag{8-26}$$

（3）公众的最优化系统。

公众效用最大化问题可表示为

$$\begin{cases} \max \sum_{t=0}^{\infty} \beta^t \frac{C_t^{1-\sigma_1}}{1-\sigma_1} \\ \text{s. t. } C_t + S_t + H_t(X_t) \leqslant r_t K_t + w_t L_t + \prod_t + T_t \end{cases} \tag{8-27}$$

由最优性条件可求得两个一阶条件：

$$C_t^{-\sigma_1} = \lambda_t \tag{8-28}$$

$$\lambda_t = \beta \lambda_{t+1} (r_{t+1} + 1 - \delta) \tag{8-29}$$

（4）政府的最优化系统。

结合式（8－30）资本形成方程，式（8－31）政府预算平衡和式（8－32）~式（8－36）市场出清条件，可求得模型的均衡解。

$$I_t = K_{t+1} - (1-\delta) K_t \tag{8-30}$$

政府的预算平衡条件：

$$\tau EM_t = \theta e_t + T_t \tag{8-31}$$

市场出清条件：

$$C_t + S_t = Y_t \tag{8-32}$$

$$I_t = S_t \tag{8-33}$$

$$E_t = \overline{E}_t \tag{8-34}$$

$$1 = L_{1t} + L_{2t} \tag{8-35}$$

$$K_t = K_{1t} + K_{2t} \tag{8-36}$$

通过对上述模型求解可得，$r = \dfrac{1-\beta(1-\delta)}{\beta}$，$\dfrac{K_1}{Y} = \dfrac{\alpha_1}{r}$，$\dfrac{L_1}{Y} = \dfrac{\beta_1}{w}$，$\dfrac{E}{Y} = \dfrac{\gamma_1}{P^E + \tau g_E(Z,\ E)}$，$\dfrac{K_2}{E} = \dfrac{\alpha_2 P^E}{r}$，$\dfrac{L_2}{E} = \dfrac{(1-\alpha_2)P^E}{w}$，$S = \delta K$，$C = Y - S$，$\lambda = C^{-\sigma_1}$。

同时，由于均衡变量 w，Z，E，P^E 间呈现复杂的非线性关系，无法求出显示解，式（8－37）~式（8－40）是模型均衡解的“稳态方程组”。

$$\frac{f'(Z)}{f(Z)}Y - \tau g_z(Z,\ E) - (1-\theta)h'(Z) = 0 \tag{8-37}$$

$$1 - [1 - d(X)]Bf(Z)\left(\frac{K}{Y}\right)^{\alpha}\left(\frac{L}{Y}\right)^{\beta}\left(\frac{E}{Y}\right)^{\gamma} = 0 \tag{8-38}$$

$$1 - A_2\left(\frac{K_2}{E}\right)^{\alpha_2}\left(\frac{L_2}{E}\right)^{1-\alpha_2} = 0 \tag{8-39}$$

$$1 - L_1 - L_2 = 0 \tag{8-40}$$

在上述稳态方程组中，模型稳态下的环境技术研发投入为最优研发投入。此时的环境技术研发投入实现了企业利润最大化和代表性家庭终身效应最大化，即社会福利最大化。而从稳态方程组（8－37）~（8－40）来看，模型中各参数同时决定了最优环境技术研发投入。同时，该最优环境研发投入是环境税收政策的函数，这表明企业的内生性环境治理动机决定于政府的环境税收政策。在稳态方程组中，外生参数较多，而且各参数与变量间呈现复杂的非线性关系，因此需要借助 Matlab 软件通过模拟运算的方法来解决这一问题。

在理论框架建立的基础上，下面将继续讨论如下问题。政府的环境税收政策对最优环境治污研发投入有何影响？在征收环境税的过程中，环境税赋的增加会对经济增长和社会福利带来什么样的影响？政府在权衡经济增长、社会福利和环境治理后该选择什么力度的环境税收政策来激发企业内生性环境治理动机？如何优化政府环境税收政策抉择机制？

8.3 参数校准

8.3.1 数据来源

考虑到行业划分标准的一致性和数据的可获得性，选取的样本区间为2002~2012年。其中，分行业的工业总产值、固定资产合计以及年均从业人员相关数据来源于《中国工业经济统计年鉴》。分行业的能源消耗数据来自《中国能源统计年鉴》。工业废气排放的分省份和分行业数据来自《中国环境统计年报》。行业总产值数据来源于《中国工业经济统计年鉴》，分行业的PPI数据来源于中国经济信息统计网。其余环境相关数据均来源于《中国环境统计年报》。

8.3.2 参数校准

1. 生产函数估计

企业的生产函数为 $Y_t = B_t f(Z_t) K_{1t}^{\alpha_1} L_{1t}^{\beta_1} E_t^{\gamma_1}$，对数展开后的生产函数形式为 $\ln Y_t = \ln f(Z_t) + \ln B_t + \alpha_1 \ln K_{1t} + \beta_1 \ln L_{1t} + \gamma_1 \ln E_t$。能源企业的生产函数为 $E_t = A_{2t} K_{2t}^{\alpha_2} L_{2t}^{1-\alpha_2}$，对数展开后的生产函数形式为 $\ln E_t = \ln A_{2t} + \alpha_2 \ln K_{2t} + (1-\alpha_2) \ln L_{2t}$。

本章使用2002~2012年30个省区市的面板数据样本（考虑到西藏数据的缺失，剔除了西藏）来估计各产业的生产函数。考虑到能源产业数据较难获取，这里用煤炭开采产业来替代能源产业。通过估计，可得以下结果：

企业生产函数：

$$\ln Y_{ti} = -1.5689 + 0.5498 \ln K_{1ti} + 0.1889 \ln L_{1ti} + 0.2591 \ln E_{ti}$$

s. e. =(0.6292)　(0.0747)　(0.0754)　(0.0999)

能源企业生产函数：

$$\ln E_{ti} = -3.9289 + 0.2060 \ln K_{3ti} + 0.8022 \ln L_{3ti}$$

s. e. =(1.8849)　(0.0416)　(0.0632)

2. 污染排放函数估计

考虑到工业废水排放量、工业二氧化硫排放量和工业固体废物排放量中废水和固废数据存在缺失，这里使用工业二氧化硫排放量作为污染排放量的代理变量，将工业能源消耗量对污染排放量做回归得到的估计结果如下：

污染排放函数：

$$\ln EM_{1ti} = 6.5605 - 0.0102\ln\Phi_{1ti} + 0.7188\ln E_{1ti}$$
$$\text{s. e.} = (0.3397)\ (0.1160)\qquad(0.0407)$$

3. 其他参数估计

由于消费者的消费数据难以获得，借鉴董直庆等（2014）、黄茂兴和林寿富（2013）等文献给出模型其余参数的设定，具体如下：$\beta = 0.99$，$\delta = 0.1$，$\sigma_1 = 3$，$\eta = 0.8$，$\rho_1 = 6.56$，$\rho_2 = 0.72$，$\rho_3 = 1.5$，$\rho_4 = 2.5$，$\rho_5 = 1.5$，$\rho_6 = 0.5$。得到的估计结果如下：

$$d(X_t) = 0.0146X_t^2 - 0.0667X_t + 0.1395$$
$$H(X_t) = 0.0112X_t^2 - 0.0342X_t + 0.1248$$

8.4 政府环境规制政策的抉择机制分析

如前所述，本章所建立的理论模型无法求出各变量均衡值间关系的显示解，可以借助模拟运算的方法来解决这一问题。对于理论模型，根据参数校准所得数据，可以得到一个“基准模型”，进而对基准模型进行模拟预测能力和参数稳健性检验，以判断模型的适用性。进一步采用比较静态方法来研究环境税收变化的影响，以期研究环境税收政策对最优环境技术研发投入可能产生的影响，为政府设立环境税政策激发企业内生性环境治理动机提供参考依据。

8.4.1 基准模型及参数稳健性检验

通过前面的参数校准，可以在理论模型的基础上建立模拟经济实际运行的“基准模型”。考虑到我国环境规制政策体系中并没有环境税，仅存在排污费，而排污费比重相对较小。因此，在基准模型中假定环境税 $\tau = 0.1$，并全部用于环境技术研发补贴，补贴率为 $\theta = 0.03415$，由此可得出基准模型中各主要经济变量的均衡解。

还需进一步检验基准模型是否具备稳健性，稳健性检验的参数：消费的跨期替代弹性 σ_1、效用的时间偏好程度 β、资本折旧率 δ 和环境税 τ。稳健性检验结果如表 8－1 所示。

表 8-1　基准模型和模型基本参数的稳健性检验

	社会福利（Welfare）	经济增长（GDP）	污染排放（Emission）	最优环境技术研发投入（e）
基准模型	-0.0204	9.9662	0.4225	1.2365
$\beta=0.95$	-0.0394	6.2167	0.4633	0.7480
$\sigma_1=3.60$	-0.0060	9.9662	0.4225	1.2365
$\sigma_1=2.40$	-0.0761	9.9662	0.4225	1.2365
$\delta=0.12$	-0.0443	7.1425	0.4511	0.8668
$\delta=0.08$	-0.0083	14.7336	0.3906	1.8796
$\tau=0.50$	-0.0198	10.0706	0.4051	1.3224
$\tau=1.50$	-0.0190	10.1703	0.3714	1.4939
$\tau=2.50$	-0.0189	10.1231	0.3452	1.6230

说明：根据 Matlab 软件的模拟运算结果整理。

（1）检验Ⅰ是对基准模型中代表性家庭的效用时间偏好率 β 变化对均衡状态下各经济变量的影响所做的模拟检验。通过将 β 下降至 0.95 后，稳态下的社会福利、经济增长和最优环境技术研发投入都下降，而污染排放上升，这表明当代表性家庭不再重视未来消费后，理性家庭会减少资本投入，增加消费，总产出由 9.9662 下降到 6.2167，此时可用于生产和环境研发的资源减少，最优环境技术研发投入由 1.2365 下降到 0.7480，此时污染排放量将会上升，经济产出下降，均衡状态下环境质量更加恶化。

（2）检验Ⅱ是对基准模型中代表性家庭消费的跨期替代弹性 σ_1 变化对均衡状态下各经济变量的影响所做的模拟检验。检验Ⅱ通过将参数 σ_1 分别上浮和下降 20%，当 σ_1 由基准模型中的 3 上升到 3.6 后，由于未来消费对家庭终身效用的影响下降，代表性家庭未来消费对当期消费的替代效应下降，当前消费就会增加，社会福利就会上升。当 σ_1 下降时，情况相反。

（3）检验Ⅲ是对基准模型中资本折旧率 δ 变化对均衡状态下各经济变量的影响所做的模拟检验。检验Ⅲ通过将资本折旧率 δ 分别上浮和下降 20% 来考察稳态下模型中各变量的变化。当 δ 由基准模型中的 0.1 上升到 0.12 后，即在相同的投资水平下，资本形成规模下降，资本投入减少，经济增长由 9.9662 下降到 7.1425，那么可用于消费的产品就会减少，社会福利下降。同时，企业的最优环境技术研发投入就会下降，污染排放就会增加。当 δ 下降时，情况相反。

（4）检验Ⅳ是对基准模型中环境税 τ 变化对均衡状态下各经济变量的影响所做的模拟检验。检验Ⅳ将分别考察 $\tau=0.5$、$\tau=1.5$ 和 $\tau=2.5$ 时稳态下模型中各变量的均衡值变化。当环境税率 τ 由 0.1 上升到 0.5 后，企业接受环境税收惩罚的边际收益将降低，企业有激励加大环境技术研发投入，环境技术水平将会提高，污染排放量就会降低，减少企业生产过程中的产出损失。同时，企业环境技术水平的提高会提升企业的全要素生产率，经济增长上升，可用于消费的产品增加，从而社会福利水平提高。当环境税率 τ 进一步上升至 1.5 后，企业接受环境税收惩罚的边际收益将进一步降低，企业会进一步加大环境技术研发投入，环境技术水平将继续提高，污染排放量降低。同时，企业全要素生产率会提升，但不足以弥补企业面对高税赋时生产积极性的降低，于是经济增长就会下降。当环境税率 τ 进一步上升至 2.5 后，经济增长的下降量会加大，可用于消费的产品减少，社会福利也会下降，但企业的环境研发投入仍会增加，直至完全激发企业内生性环境治理的最大潜力。

基本参数的稳健性检验Ⅰ～Ⅳ表明，四个基本参数效用的时间偏好程度 β、消费的跨期替代弹性 σ_1、资本折旧率 δ 和环境税 τ 变化对模型均衡解的影响与经典模型结论基本保持一致，这说明引入环境税模型在理论层面是一致的。同时，模拟检验的结论也表明，本章研究建立的基准模型具有较好的实际经济意义，模型参数具有良好的稳健性。

8.4.2 内生性环境治理的环境规制政策效果模拟

环境税又称为生态税、绿色税，是将市场环境下生态破坏的成本内生到市场经济活动中，通过市场机制分配环境资源的一种经济手段，目的是实现环境生态与经济的协调可持续发展。目前，我国还没有开征环境税，环境税论证方案仍然在审核中。为了给我国环境税设计提供理论依据，将针对不同环境税赋比重下的环境税收政策效果进行模拟具有重要政策参考价值。

最优环境技术研发投入由刻画经济体特征的各参数内生决定，是政府环境税收政策的响应函数。那么环境税收政策对最优环境技术研发投入的具体影响如何？与此同时，社会福利、经济增长和污染排放也是由刻画经济体特征的各参数内生决定的。那么环境税收政策在激发企业内生性环境治理动机的同时是否会抑制经济增长、损害社会福利？本节对基准模型的参数进行模拟来解答这些问题。参数模拟的逻辑是通过调整模型中的环境税率取值情况来模拟环境税收政策变化对社会福利、经济增长、污染排放和环境技术研发投入的影响。图 8－1 是环境税收政策变化对社会福利、经济增长、污染排放和环境技术研发投入影响的模拟效果图。

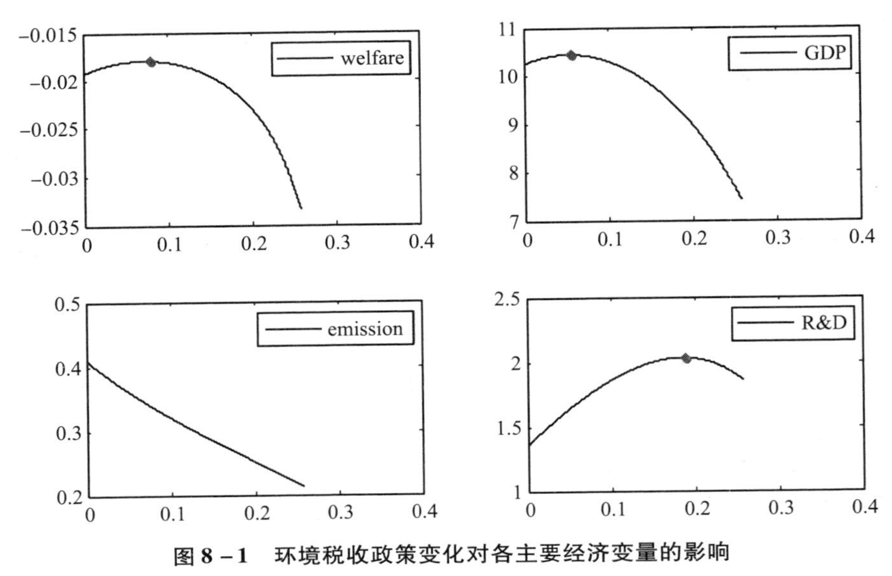

图 8－1　环境税收政策变化对各主要经济变量的影响

说明：为了更为清晰的反应税赋对各经济变量的影响，图中横坐标为环境税赋占 GDP 比重。

当环境税率上升时，企业通过环境技术研发投入增加所带来的边际收益在增加，而企业接受税费惩罚所带来的边际收益在下降，此时企业就会增加环境技术研发投入，环境技术就会进步，污染排放量就会下降，此时经济产出中由于环境质量恶化所带来的无效率损失部分就会下降。同时，环境技术进步也会带来企业生产的全要素生产率提高（主要由于产能升级和人力资本水平提高等效应），经济产出就会增加。由于收入效应，代表性家庭的消费水平也会上升，社会福利水平就会提高。但当环境税率上升到一定时候，环境税带来的资源配置扭曲效应会高于技术创新效应和环境负外部性的改善效应之和，此时经济增长就会下降。这时，环境税就变成了扭曲性税收，会降低经济效率。然而，环境税率的进一步上升还会刺激社会福利的提高，因为环境税的扭曲效应带来生产率的降低。当环境税带来经济产出下降较大时，消费量也只能下降，社会福利开始降低。但此时企业通过环境技术投入所带来的边际收益依然大于企业接受税费惩罚所带来的边际收益，企业会继续加大环境技术研发投入。直至企业通过环境技术投入所带来的边际收益等于企业接受税费惩罚所带来的边际收益时，企业的环境技术研发投入达到最大。

如图8－1所示，从社会福利角度来看，当环境税赋占比上升时，社会福利水平先上升后下降，在环境税赋占比为7.36%时，社会福利水平达到最大；从经济增长角度来看，当环境税赋占比上升时，GDP水平先上升后下降，在环境税赋占比为5.42%时，GDP达到最大；从污染排放来看，环境税赋占比上升会带来污染排放的持续下降；从环境技术研发投入来看，当环境税赋占比上升时，环境技术研发投入会先上升后下降，在环境税赋占比为18.65%时，环境技术研发投入水平达到最大，即政府的环境规制政策完全激发了企业内生性环境治理动机。

以经济增长为目标的最优税赋占比充分揭示了我国排污收费过低的根源是长期以来政府以GDP为唯一目标。粗放式的经济发展方式导致生产企业对环境成本重视不够，环境规制政策对污染企业的处罚力度不大，造成了污染企业治污效率低，环境污染问题严重。与此同时，经济增长并没有改善居民的消费行为，是以损害社会福利为代价。我国现存的排污收费制度的税赋比重远低于5.42%，这说明排污收费抑制了环境税正外部性效应的释放。尽管环境税和排污收费都可以将污染的外部成本内部化，但二者有本质区别，费只有行政性，税具有强制性。采用环境税，加大对企业违法行为的惩罚力度，会增强对企业污染行为的威慑力。环境税赋增加的同时会释放正外部性，带来经济增长。为此，我国应尽快落实环境税政策。

但是，如果政府不改变以GDP为唯一目标选择的评价机制，经济增长仍会以牺牲社会福利和环境质量为代价。当环境税赋占GDP比重为7.3%时，才能基本实现居民在消费产品和环境资源之间的协调，即实现环境污染的基本控制。目前，我国处于经济体制改革深化阶段，环境税对污染的惩罚性是以迫使企业提高资源利用效率，刺激企业技术创新，减少污染排放为目的。环境税征收的本质是要让排污企业认识到选择技术创新、清洁生产比缴纳高额环境税更有价值。当环境税赋占比为18.65%时，才能真正改善环境质量。然而，过高的环境税赋可能会激发环境税的扭曲效应，带来经济下滑和福利水平降低。因此，政府最优的环境税收政策设计需要分析不同政策目标下的政策抉择机制。

8.4.3 激发企业内生性环境治理动机的环境规制政策抉择机制

为了分析政府环境税收政策抉择机制，进一步将不同政策目标最大化时的经济状态与基准模型的经济状态进行对比分析。如表8－2所示，在以福利最大化为目标时，政府的环境税最优税赋占比为7.36%，此时社会福利水平、经济增长和最优环境技术研发投入均高于基准模型，污染排放低于基准模型。在以经济增长最大化为目标时，政府的环境税最优税赋占比为5.42%，低于以福利最大化为目标的最优税赋占比，此时社会福利水平、经济增长和最优环境技术研发投入均高于基准模型，污染排放低于基准模型。在以企业内生性环境治理动机最大化为目标时，政府环境税的最优税赋占比为18.65%，远远高于以福利最大化为目标和以产出最大化为目标的最优税赋占比，此时社会福利水平和经济增长均低于基准模型，污染排放和最优环境技术研发投入要优于基准模型。这说明在不同的政策目标下，政府的最优税赋占比不同，以经济增长最大化为目标的最优环境税赋占比最低，而以企业内生性环境治理动机最大化为目标的最优环境税赋占比最高。

表8-2　　不同政策目标最大化下的最优税率选择

政策目标	最优税赋占比（Tax）	社会福利（Welfare）	经济增长（GDP）	污染排放（Emission）	最优环境技术研发投入（e）
基准模型	4.00%	-0.0204	9.9662	0.4225	1.2365
以福利最大化为目标	7.36%	-0.0179	10.4217	0.3419	1.7472
以经济产出最大化为目标	5.42%	-0.0180	10.4463	0.3581	1.6556
以企业内生性环境治理动机最大化为目标	18.65%	-0.0217	9.2604	0.2611	2.0323
以企业内生性环境治理动机最大化为目标（完全研发补贴）	13.84%	-0.0138	11.6454	0.2325	3.7548

同时，在征收环境税的前提下，技术研发是直接以降低污染排放为目的，但是单纯依靠环境技术创新来提高企业内生性环境治理动机的方式具有动态无效率性。如果依靠环境税收政策刺激企业环境技术创新来实现污染治理，对经济效率的扭曲效应会加剧，导致生产资本投入的减少和经济增长下降，进而影响社会福利水平。

然而，如果将政府征收的环境税赋全部用于环境技术研发补贴，此时以企业内生性环境治理动机最大化为目标，政府环境税的最优税赋占比为13.84%，远低于仅将部分环境税赋用于环境技术研发补贴时的最优税赋占比18.65%。而且此时的社会福利高于以福利最大化为目标时的社会福利水平，经济增长高于以经济产出最大化为目标的经济增长水平，污染排放低于将部分环境税赋用于环境治污技术研发补贴时的污染排放水平。这表明，环境税收的专款专用政策有助于提升政府环境税收政策的抉择空间，弱化了环境政策的决策难度，提升环境税收政策的政策效果。因此，政府有必要设立环保基金，将环境税收纳入环保基金，通过专款专用的方式对环境技术研发进行专项补贴，实现环境税收政策效果的最大化。国外在强化环境税收政策惩戒作用，降低污染排放上早有先例。如爱尔兰政府为了控制白色污染遏制塑料袋使用，对每一个塑料袋征收 13 美分的环境税，并全部交由环保基金用于环境技术研发补贴，该措施效果十分显著，塑料袋使用量骤降 90% 。环境税的专款专用不仅最大化的激发企业的内生性环境治理动机，还会促进公民环境意识的改善，释放环境税在经济增长和社会福利方面的双重红利。

8.5 本章小结

本章将环境污染的负外部性加入到动态一般均衡模型中，同时在考虑政府环境税的情况下，对内生性环境治理的政府环境规制政策抉择机制进行了研究。具体来说，主要进行了四方面研究：一是建立了内生性环境治理的环境规制抉择机制理论模型，并基于中国经济现实数据对模型参数进行校准，并模拟了实际经济运行的基准模型，进行了模型参数的稳健性检验，检验结果表明基本参数取值的变化符合经典模型的相应结论，模型参数具有良好的稳健性，理论模型可以较好地模拟实际经济运行情况；二是模拟了激发企业内生性环境治理动机的环境税收政策效果，研究发现当环境税赋占 GDP 比重上升时，社会福利水平、经济增长和最优环境治污技术研发投入均呈现先上升后下降的趋势，而污染排放水平持续下降；三是考虑到环境税收政策对不同经济变量影响的差异性，分别模拟了三个政策目标，即以经济增长最大化为目标、以社会福利最大化为目标、以企业内生性环境治理动机最大化为目标下的最优税赋占比，得到单纯依靠技术进步来提升治理环境污染效率的方式动态无效率；四是考虑到政府环境政策抉择难度，模拟了环境税赋全部用于环境技术研发补贴且以企业内生性环境治理动机最大化为目标的最优环境税赋占比，发现环境税收的专款专用拓宽了环境政策的决策空间，弱化了环境政策的决策难度。

第9章　促进经济可持续发展的环境规制政策选择

中国经济高速增长，经济总量已经跃居世界第二位。但是粗放型的经济发展模式导致的资源过度消耗和环境破坏严重制约了经济可持续发展。通过对环境规制与经济可持续发展的三个方面：生产率、产业结构和技术创新的研究，以及不同环境规制工具组合效果的研究，发现我国环境规制政策仍然存在改进的空间，需要找到促进经济可持续发展的有效环境规制政策选择。

9.1　环境规制政策制定的科学化

1. 建立系统性的环境法律体系

与欧美国家相比，我国的环境规制法律法规体系相对滞后，环境规制政策难以适应生态环境的变化和经济社会发展带来的挑战。应积极借鉴国际上先进的环境治理经验，不断健全环境法律法规体系，如在环境影响评价、生态环境修复与补偿、环境税、排污权交易等方面完善法律法规和规章制度（张天悦，2014）。同时，通过宪法对民主立法的规定，不断提高公众参与环境监督的积极性，保证公民在环境保护过程中的权益，提升环境保护的效果。

2. 建立环境规制与经济社会可持续发展的综合决策机制

由于短期利益目标驱使，经济社会发展的决策过程常常忽视环境影响，造成经济与环境关系的失调，进而影响经济社会的可持续发展。因此，需要建立和完善环境与发展综合决策机制，将环境规制纳入经济社会发展的决策过程。一是政府部门应贯彻执行可持续发展战略，在政策制定、产业布局规划和外资引进等方面，综合考虑环境制约，建立经济社会发展与环境问题的综合决策机制。二是建立和完善重大决策的环境影响评价制度、公众参与制度、决策的部门会审和咨询制度、监督与责任追究制度等环境经济发展综合决策制度。

3. 明确中央与地方环境规制事权与责任的协调机制

我国政府环境治理与监管机构的层级复杂，造成中央与地方事权与责任划分不清，严重制约了我国环境规制政策的实施效果。应明确中央与地方的环境责任，提升环境治理的效果。一是不断完善环境分级管理体制，中央政府和地方政府的环保事权划分清晰到位。中央政府负责环境的宏观管理，制定国家层面的环境规制政策，对地方环境部门进行评估和指导。地方政府负责国家环境法律法规的执行和地方环境监督治理，加大地方政府的环境责任，一定程度上保证地方政府的环境治理的独立性，提高环境治理的效果。二是明确地方政府的环境保护责任，建立基于绿色 GDP 的地方政府行政绩效考评制度。避免采用唯 GDP 论来评价地方政府的业绩，防止地方政府的经济竞赛而放弃环境治理目标，有效控制不利于污染减排的政府行为。实行污染减排的“一票否决”制度，加大污染减排指标的考核权重。

4. 建立部门与地区共同治理的环境规制协调机制

污染物通过环境系统使部门和地区间相互联系，地区之间和部门之间缺乏协调与合作制约着我国环境规制政策的执行效果。环境规制政策必须考虑环境系统在不同部门和区域之间的相互依赖关系。一是组建跨区域、跨部门的综合性环境协调机构，负责处理地区间和部门间环境问题的冲突和利益关系，不断提高环境规制的执行效果。二是制定促进经济可持续发展与环境保护相协调的环境规制政策，发挥不同部门和区域间的协同作用，保证污染严重的行业和地区将环境战略纳入经济发展的整体战略之中。

5. 确保环境规制政策的适度差异化

环境规制政策的差异化就是兼顾灵活性与严格性。如在环境准入方面，对高耗能和高污染项目进行严格限制，提高污染物排放标准和环境准入门槛。同时，在制定环境规制政策时，充分考虑各地区的要素禀赋、经济发展状况及资源环境承载力等客观条件，实施差异化的环境准入制度，确保环境规制政策有效促进产业转型升级和区域协调发展。

9.2 完善环境技术创新导向的环境规制政策

环境技术创新可以实现企业环境收益内部化，激发企业环境技术创新动力和污染减排的积极性。环境技术创新是技术政策和环境政策融合，通过提升企业的技术创新效率，产生环境正外部性补偿。但是，目前我国技术政策与环境规制融合性不高，迫切需要设计技术创新导向的环境规制政策。一是完善支持环境技术创新的财税扶持政策。环境技术创新需要强大的资金投入，具有高风险性。强化财税收扶持政策是鼓励、引导环境技术创新的最有效手段，可以充分发挥政策导向性并降低企业风险。可以借鉴国外经验，如对环境技术的研发支出实行税收减免、对环境技术创新主体进行成本补贴，不断完整的环境税收政策。二是加大政府绿色采购的力度，进一步完善碳排放指标的引入、采购供应链管理和企业社会责任意识等。三是积极倡导绿色消费。一方面要加大环保产品的宣传，促进公众形成绿色环保消费观念，提升公众保护生态环境和维护公共利益的责任感和意识；另一方面加强绿色产品的开发和应用，提升环境技术创新能力，强化企业加强环境保护的社会责任意识，形成绿色生产与消费的良性循环。

9.3 不断推进环境规制的市场化和公众参与机制

环境规制政策工具选择需更加重视市场化手段，逐渐由命令控制型主导转向市场激励型和公众参与环境规制，形成多元化的环境保护机制。由于命令控制型环境规制工具有强制性，污染减排效果较好，但治污效率较低且对环境技术创新的激励不足；市场激励型规制工具比较灵活，对企业污染减排的激励较高，但是在激发公众和企业参与环境治理的不足，环境治理仍然属于末端治理，不能从根本上解决环境问题。因此，能充分调动公众参与环境治理，环境治理的实施成本较低的方式将成为环境规制的发展方向。一方面，应继续完善环境治理的市场化机制，有序推进排污市场建设，加大排污许可证交易、环境税、排污收费等规制措施的实施范围，细化对不同污染类型企业的差异化政策，注重各类市场型工具之间的协调性和配合度，充分发挥市场化手段在污染减排方面的基础性作用。同时，给予企业选择先进技术或环境技术研发创新，而实现治污减排的灵活性，通过增加环境保护的财政预算，如补贴和税费减免等方式推进不同类型环境规制工具之间的优势互补。另一方面，应不断完善企业和公众的环境保护参与机制。完善企业自主治理、自愿减排协议等环保新机制，通过政府参与监督与企业自愿减排结合能够大大降低环境治理和规制的成本，达到污染减排目标。推进环境信息公开化、提高公众环境保护意识、大力推动形成各类环保社会组织。健全有效民主，完善公众参与环境规制决策、实施环境保护监督的制度设计，发挥公众参与的自愿性环境规制的政策作用。从发达国家的环境规制政策演进及实践来看，设计环境规制政策的组合体系来应对不同环境问题十分普遍。我国应充分借鉴发达国家经验，不断扩大命令型规制、市场激励规制和公众参与规制的政策组合设计，实现不同规制政策之间的相互补充，提高环境规制的有效性。

9.4　加强环境规制政策的优化组合

任何环境规制工具都具有其优势与不足，很难找到促进经济可持续发展的单一最优规制政策。一是政府在评价环境规制政策工具的效果时，不应仅仅关注单一规制工具的作用，而应重点评价各个规制工具的组合效果，选择能够发挥正相合效应的工具组合，实现最优规制效果。二是政府应该建立种类齐全、优势互补的环境规制工具箱，并形成持续补充和改进的机制，为制定环境规制工具的最优组合提供足够的选择。三是环境规制工具的选择应满足不同目标群体的利益诉求，政府、企业和公众对环境规制工具具有不同的偏好，应形成多主体合作环境治理的方式，以便更好地分析各种规制工具的利弊，构建满足不同主体利益的规制工具组合。四是针对目前我国的环境规制工具仍以命令型规制工具占主导，市场型规制工具执行不到位，自愿型规制工具缺乏的现状，顺应世界环境规制的发展趋势，充分发挥市场和公众在环境规制中的作用，不断创新市场型规制工具的类型和提升工具执行效果，扩大公众参与环境规制的参与度，逐步确立市场和公众在环境规制中的主导地位。逐步破除阻碍环境规制工具实施的部门利益化障碍，对不同环境规制工具进行统筹协调管理。五是为了最大化发挥环境规制工具的政策效果，实现环境目标与经济目标协调化，政府应根据实际的目标和需求，同时考虑不同的地区差异，借助环境规制工具的正向相合效应，推出政策组合拳，更好地发挥环境规制的效果，促进经济社会的可持续协调发展。

9.5　考虑行业异质性的环境规制政策选择

从行业的维度，环境规制对生产率、技术创新和产业结构转型的影响存在行业异质性。尽管环境规制对污染密集型行业和清洁行业两类行业产生的经济效应大体上一致，但是，污染密集型行业的拐点出现要晚，边际增长的治污成本要高，污染密集型行业适应环境规制的能力较弱。为此，要提高企业特别是污染密集型企业的污染治理能力，提升企业绩效和可持续发展能力。一方面，应适度提高行业的环境规制强度和环境准入标准，通过外部约束力量增加企业污染排放的压力和成本，激发企业进行环境技术研发创新和生产工艺改进的积极性和主动性。另一方面，建立海和完善企业主动性环境治理的激励性机制。虽然，环境规制强度和环境准入标准的提高，能够在一定程度实现污染减排的目标，但是会损失环境效率，环境治理方式依然是先污染、后治理的末端治理模式，长期来看，不能从根本上有效地解决环境问题。目前，我国的环境规制效率较低，原因在于政府主导推行清洁生产，而企业实施绿色技术研发和清洁生产的激励不足，特别是一些重度污染型行业，由于固定资产投资过大，导致技术更新和研发代价过大，通过技术创新实现污染减排的积极性不高。因此，需要建立充分调动企业实施环境技术研发主动性和清洁生产的激励机制。激励性环境规制应充分考虑市场需求、信息和资金等多方面因素，提高企业进行绿色生产技术和环境技术研发的积极性，解决技术研发所面临的要素约束。同时，应关注企业进行绿色生产技术和环境技术创新的动力。一方面是主动创新，主动创新的动力来源于企业的确定新目标和新理念，以及新技术出现或研发新技术给企业带来的新机会，激发企业主动积极进行技术创新，提升市场竞争力。另一方面是被动创新，被动创新是企业面对政府环境规制政策、市场需求偏好、公众舆论等压力，为了谋求长远发展而采取的环境技术创新措施，往往创新的效果也较好。

长期以来，我国环境规制政策不完善，处于不断优化调整之中。将经济发展目标放在首位，导致自然资源价格低，资源环境成本的外部化，使得生产要素供给的比较成本较低，企业进行清洁生产的动力不足。资源损耗和高污染排放型的增长模式存在生存空间，清洁生产并不是企业的最优选择，导致产业逆淘汰。因此，要打破传统环境治理模式的路径依赖，加快企业生产从末端治理向清洁生产的转变，从根本上解决环境污染问题，需要借助外部环境规制的“倒逼”机制。一方面，制定严格的污染排标准和资源使用标准，坚决杜绝资源粗放使用和高污染排放的生产行为，倒逼企业进行生产工艺和生产方式的改进，实施清洁生产；另一方面，建立市场化的资源要素价格形成机制和合理环境税率，提高资源使用和污染排放成本，迫使企业通过清洁技术创新来改进生产方式和提高产品附加值，进而提升市场竞争力。

另外，不同行业应选择环境治理的合适时机。对于污染密集行业和清洁行业来说，环境规制对技术创新影响曲线拐点对应的环境规制水平不同，反映了两类行业的环境技术调整意愿的差异。考虑到行业的异质性，政府应有针对性地选择环境治理的合适时机，使用不同规制手段的优化组合影响企业环境治理行为。例如，对污染密集行业来说，政府应倾向于预防控制，通过设立恰当的环境准入标准来引导污染行业的环境治理行为，实现源头治理；而对清洁行业来说，政府应倾向于事中控制，通过命令控制型环境规制与市场激励型环境规制的有效结合引导清洁行业进行环境治理，提升环境规制的有效性。

9.6 考虑区域差异性的环境规制政策选择

从区域的维度，环境规制对生产率、技术创新和产业结构转型的影响存在空间异质性。政府需要对环境规制政策和技术政策、产业政策进行协调，强调各项政策对环境规制政策的补充，实现环境规制政策的执行力度、类别与其他政策的互补。政府也应循序渐进，在未来不断地修改和调整环境标准，确保不同时期的环境规制强度均在企业可承受范围之内。基于不同的地区特点制定差异化的环境规制政策和创新激励政策，东部地区具备经济发展、区位、要素禀赋等优势，市场经济发达，在制定环境规制政策时，应重点考虑市场化导向的激励措施，如排污权交易、补贴机制等，引导产业有序转移，加大对企业的专项技术补贴力度，进一步激发环境规制的技术效应。西部地区应根据自身落后的状况改善投资环境，加大科技投入，引进先进技术和管理经验，以各种形式吸引和培养人才，为技术创新创造良好的基础条件。同时，还要考虑环境承载能力，严格控制高能耗、高污染的落后产业转移，促进经济与环境的协调发展。而中部地区，应适当降低其环境规制水平，降低环境规制的“遵循成本”，增加研发经费和人力资本投入，提高其环境技术创新能力和效率。政府在降低环境规制强度的过程中，应给予环境技术创新企业以补贴或减免税收政策，激励企业加强环境技术创新，减少污染排放水平，实现环境与经济可持续发展。我国很多“一刀切”的环境政策未能合理地反映不同地区的环境治理需求，需尽早转变。

总之，建立有效的促进经济可持续发展的环境规制政策需要多视角、全方位的考虑，不仅要考虑环境规制政策制定的科学性，又要关注规制政策实施的差异化，还要兼顾不同环境规制政策的组合应用效果，同时，环境规制政策选择应产业政策、技术政策相协调。

参考文献

[1] 霍斯特·西伯特．环境经济学［M］．蒋敏元，译．北京：中国林业出版社，2002.

[2] 丹尼尔·F·史普博．管制与市场［M］．余晖，何帆，周维富，译．上海人民出版社，1999.

[3] 保罗·萨缪尔森，威廉·诺德豪斯．经济学［M］．于健，译．北京：人民邮电出版社，2013.

[4] 斯蒂格利茨，沃尔什．经济学（上下册）［M］．黄险峰，张帆，译．北京：中国人民大学出版社，2010.

[5] 乔治·约瑟夫·施蒂格勒．产业组织与政府管制［M］．潘振民，译．上海人民出版社，1996.

[6] 金德尔伯格，赫里克．经济发展［M］．上海译文出版社，1986.

[7] 戴维·皮尔斯，杰瑞米·沃福德．世界无末日——经济学·环境与可持续发展［M］．中国财政经济出版社，1996.

[8] 马歇尔．经济学原理［M］．朱志泰，陈良璧，译．北京：商务印书馆，1990.

[9] 庇古．福利经济学［M］．金镝，译．北京：华夏出版社，2013.

[10] 白重恩，钱震杰，武康平．中国工业部门要素分配份额决定因素研究［J］．经济研究，2008（8）：16－28.

[11] 白重恩，钱震杰．谁在挤占居民的收入——中国国民收入分配格局分析［J］．中国社会科学，2009（5）：99－115.

[12] 白雪洁，宋莹．环境规制、技术创新与中国火电行业的效率提升［J］．中国工业经济，2009（8）：68－77.

[13] 陈红蕾，陈秋锋．“污染避难所”假说及其在中国的检验［J］．暨南学报（哲学社会科学版），2006（4）：51－55.

[14] 陈振明．政策科学［M］．中国人民大学出版社，2009.

[15] 郭庆．环境规制政策工具相对作用评价——以水污染治理为例

[J]. 经济与管理评论，2014（5）：26－30.
[16] 韩超，胡浩然. 清洁生产标准规制如何动态影响全要素生产率——剔除其他政策干扰的准自然实验分析 [J]. 中国工业经济，2015（5）：70－82.
[17] 侯一明. 环境规制对中国工业集聚的影响研究 [D]. 吉林大学，2016.
[18] 胡鞍钢，郑京海，高宇宁，张宁，许海萍. 考虑环境因素的省级技术效率排名（1999～2005）[J]. 经济学（季刊），2008（3）：933－960.
[19] 黄德春，刘志彪. 环境规制与企业自主创新——基于波特假设的企业竞争优势构建 [J]. 中国工业经济，2006（3）：100－106.
[20] 黄茂兴，林寿富. 污染损害、环境管理与经济可持续增长——基于五部门内生经济增长模型的分析 [J]. 经济研究，2013（12）：30－41.
[21] 贾瑞跃，魏玖长，赵定涛. 环境规制和生产技术进步：基于规制工具视角的实证分析 [J]. 中国科学技术大学学报，2013（3）：217－222.
[22] 金碚. 资源环境管制与工业竞争力关系的理论研究 [J]. 中国工业经济，2009（3）：5－17.
[23] 江珂，卢现祥. 环境规制与技术创新——基于中国 1997～2007 年省际面板数据分析 [J]. 科研管理，2011（7）：60－66.
[24] 江珂，滕玉华. 中国环境规制对行业技术创新的影响分析——基于中国 20 个污染密集型行业的面板数据分析 [J]. 生态经济，2014（6）：90－93.
[25] 李斌，彭星. 环境规制工具的空间异质效应研究——基于政府职能转变视角的空间计量分析 [J]. 产业经济研究，2013（6）：38－47.
[26] 李芳慧. 我国环境政策工具选择研究 [D]. 湖南大学，2011.
[27] 李静，沈伟. 环境规制对中国工业绿色生产率的影响——基于波特假说的再检验 [J]. 山西财经大学学报，2012（2）：56－65.
[28] 李玲，陶锋. 中国制造业最优环境规制强度的选择——基于绿色全要素生产率的视角 [J]. 中国工业经济，2012（5）：

70 - 82.

[29] 李平，慕绣如．环境规制技术创新效应差异性分析 [J]．科技进步与对策，2013 (6)：97 - 102.

[30] 李齐云，宗斌，李征宇．最优环境税——庇古法则与税制协调 [J]．中国人口·资源与环境，2007，17 (6)：18 - 22.

[31] 李强．环境规制与产业结构调整——基于 Baumol 模型的理论分析与实证研究 [J]．经济评论，2013 (5)：100 - 107.

[32] 李眺．环境规制、服务业发展与我国的产业结构调整 [J]．经济管理，2013 (8)：1 - 10.

[33] 李晓敏．环境规制工具的比较分析 [J]．岭南学刊，2012 (1)：70 - 74.

[34] 李阳，党兴华，韩先锋，宋文飞．环境规制对技术创新长短期影响的异质性效应——基于价值链视角的两阶段分析 [J]．科学学研究，2014 (6)：937 - 949.

[35] 李永军．中国外商直接投资行业分布的决定因素 [J]．世界经济，2003 (7)：23 - 30.

[36] 李永友，沈坤荣．我国污染控制政策的减排效果——基于省际工业污染数据的实证分析 [J]．管理世界，2008 (7)：7 - 17.

[37] 廖进球，刘伟明．波特假说、工具选择与地区技术进步 [J]．经济问题探索，2013 (10)：50 - 57.

[38] 林伯强，蒋竺均．中国二氧化碳的环境库兹涅茨曲线预测及影响因素分析 [J]．管理世界，2009 (4)：27 - 36.

[39] 刘丹鹤．环境规制工具选择及政策启示 [J]．北京理工大学学报（社会科学版），2010 (2)：21 - 26.

[40] 刘凤良，吕志华．经济增长框架下的最优环境税及其配套政策研究——基于中国数据的模拟运算 [J]．管理世界，2009 (6)：40 - 51.

[41] 刘金林．环境规制、生产技术进步与区域产业集聚 [D]．重庆大学，2015.

[42] 刘思华．关于可持续发展与可持续发展经济的几个问题 [J]．当代财经，1997 (6)：15 - 18.

[43] 柳剑平，郑光凤．环境规制、研发支出与全要素生产率——基于中国大中型工业企业的面板模型 [J]．工业技术经济，2013 (11)：90 - 99.

［44］陆旸．环境规制影响了污染密集型商品的贸易比较优势吗［J］．经济研究，2009（4）：28－40．

［45］吕永龙，梁丹．环境政策对环境技术创新的影响［J］．环境污染治理技术与设备，2003（7）：89－94．

［46］马富萍，郭晓川，茶娜．环境规制对技术创新绩效影响的研究——基于资源型企业的实证检验［J］．科学学与科学技术管理，2011（8）：87－92．

［47］马士国．环境规制工具的选择与实施：一个述评［J］．世界经济文汇，2008（3）：76－90．

［48］马媛．我国东中西部环境规制与经济增长关系的区域差异性分析［J］．统计与决策，2012（20）：130－133．

［49］聂普焱，黄利．环境规制对全要素能源生产率的影响是否存在产业异质性［J］．产业经济研究，2013（4）：50－58．

［50］綦建红，鞠磊．环境管制与外资区位分布的实证分析——基于中国1985～2004年数据的协整分析与格兰杰因果检验［J］．财贸研究，2007（3）：10－15．

［51］秦颖，徐光．环境政策工具的变迁及其发展趋势探讨［J］．改革与战略，2007（12）：51－54．

［52］单豪杰，师博．中国工业部门的资本回报率：1978～2006［J］．产业经济研究，2008（6）：1－9．

［53］沈芳．环境规制的工具选择：成本与收益的不确定性及诱发性技术革新的影响［J］．当代财经，2004（6）：10－12．

［54］沈能．环境规制对区域技术创新影Ⅱ向的门槛效应［J］．中国人口资源与环境，2012（6）：12－16．

［55］沈能．环境效率、行业异质性与最优规制强度——中国工业行业面板数据的非线性检验［J］．中国工业经济，2012（3）：56－68．

［56］宋英杰．基于成本收益分析的环境规制工具选择［J］．广东工业大学学报（社会科学版），2006（1）：29－31．

［57］孙刚．污染、环境保护和可持续发展［J］．世界经济文汇，2004（5）：47－58．

［58］涂正革．环境、资源与工业增长的协调性［J］．经济研究，2008（2）：93－105．

［59］王兵，吴延瑞，颜鹏飞．环境管制与全要素生产率增长：APEC

的实证研究 [J]. 经济研究，2008 (5)：19－32.

[60] 王国印，王动. 波特假说、环境规制与企业技术创新——对中东部地区的比较分析 [J]. 中国软科学，2011 (1)：100－112.

[61] 王杰，刘斌. 环境规制与企业全要素生产率——基于中国工业企业数据的经验分析 [J]. 中国工业经济，2014 (3)：44－56.

[62] 王璐，杜澄，王宇鹏. 环境管制对企业环境技术创新影响研究 [J]. 中国行政管理，2009 (2)：52－56.

[63] 王鹏，郭永芹. 环境规制对我国中部地区技术创新能力影响的实证研究 [J]. 经济问题探索，2013 (1)：72－76.

[64] 王文普. 环境规制与经济增长研究：作用机制与中国实证 [J]. 经济科学出版社，2013.

[65] 王文普. 环境规制、空间溢出与地区产业竞争力 [J]. 中国人口·资源与环境，2013，23 (8)：123－130.

[66] 王文普. 环境规制的经济效应研究——作用机制与中国实证 [D]. 山东大学，2012.

[67] 王小宁，周晓唯. 西部地区环境规制与技术创新——基于环境规制工具视角的分析 [J]. 技术经济与管理研究，2014 (5)：114－118.

[68] 吴军. 环境约束下中国地区工业全要素生产率增长及收敛分析 [J]. 数量经济技术经济研究，2009 (11)：17－27.

[69] 吴晓青，洪尚群，蔡守秋等. 环境政策工具组合的原理、方法和技术 [J]. 重庆环境科学，2003 (12)：85－87.

[70] 解垩. 环境规制与中国工业生产率增长 [J]. 产业经济研究，2008 (1)：19－25.

[71] 熊艳. 基于省际数据的环境规制与经济增长关系 [J]. 中国人口·资源与环境，2011 (5)：126－131.

[72] 许冬兰，董博. 环境规制对技术效率和生产力损失的影响分析 [J]. 中国人口·资源与环境，2009 (6)：91－96.

[73] 许广月，宋德勇. 中国碳排放环境库兹涅茨曲线的实证研究——基于省域面板数据 [J]. 中国工业经济，2010 (5)：37－47.

[74] 徐敏燕，左和平. 集聚效应下环境规制与产业竞争力关系研究——基于"波特假说"的再检验 [J]. 中国工业经济，2013 (3)：72－84.

[75] 许庆瑞，王伟强，吕燕．中国企业环境技术创新研究［J］．中国软科学，1995（5）：16－20.
[76] 许士春，何正霞，龙如银．环境政策工具比较：基于企业减排的视角［J］．系统工程理论与实践，2012，32（11）：2351－2362.
[77] 杨洪刚．中国环境政策工具的实施效果及其选择研究［D］．复旦大学，2009.
[78] 杨俊，邵汉华．环境约束下的中国工业增长状况研究——基于Malmquist－Luenberger 指数的实证分析［J］．数量经济技术经济研究，2009（9）：64－78.
[79] 杨骞，刘华军．环境技术效率、规制成本与环境规制模式［J］．当代财经，2013（10）：16－25.
[80] 杨文进．经济可持续发展论［M］．中国环境科学出版社，2002.
[81] 殷宝庆．环境规制与技术创新——基于垂直专业化视角的实证研究［D］．浙江大学，2013.
[82] 应瑞瑶，周力．外商直接投资、工业污染与环境规制——基于中国数据的计量经济学分析［J］．财贸经济，2006（1）：76－81.
[83] 原毅军，谢荣辉．环境规制的产业结构调整效应研究——基于中国省际面板数据的实证检验［J］．中国工业经济，2014（8）：57－69.
[84] 曾贤刚．环境规制、外商直接投资与“污染避难所”假说——基于中国30个省份面板数据的实证研究［J］．经济理论与经济管理，2010（11）：65－71.
[85] 张成，于同申，郭路．环境规制影响了中国工业的生产率吗——基于DEA与协整分析的实证检验［J］．经济理论与经济管理，2010（3）：11－17.
[86] 张成，于同申．环境规制会影响产业集中度吗？一个经验研究［J］．中国人口·资源与环境，2012（3）：98－103.
[87] 张成，陆旸，郭路，于同申．环境规制强度和生产技术进步［J］．经济研究，2011（2）：113－124.
[88] 张弛，任剑婷．基于环境规制的我国对外贸易发展策略选择［J］．生态经济，2005（10）：169－171.
[89] 张红凤，张细松，等．环境规制理论研究［M］．北京大学出版

社，2012.
[90] 张红凤，周峰，杨慧，郭庆．环境保护与经济发展双赢的规制绩效实证分析［J］．经济研究，2009（3）：14－26.
[91] 张嫚．环境规制与企业行为间的关联机制研究［J］．财经问题研究，2005（4）：34－39.
[92] 张三峰，卜茂亮．环境规制、环保投入与中国企业生产率——基于中国企业问卷数据的实证研究［J］．南开经济研究，2011（2）：129－146.
[93] 张天悦．环境规制的绿色创新激励研究［D］．中国社会科学院研究生院，2014.
[94] 张晓莹，张红凤．环境规制对中国技术效率的影响机理研究［J］．财经问题研究，2014（5）：124－129.
[95] 赵红．环境规制对企业技术创新影响的实证研究——以中国30个省份大中型工业企业为例［J］．软科学，2008（6）：121－125.
[96] 赵红．环境规制对中国产业绩效影响的实证研究［D］．山东大学，2007.
[97] 赵细康．环境保护与产业国际竞争力：理论与实证分析［M］．中国社会科学出版社，2003.
[98] 赵玉民，朱方明，贺立龙．环境规制的界定、分类与演进研究［J］．中国人口资源与环境，2009，19（6）：85－90.
[99] 植草益．微观规制经济学［M］．中国发展出版社，1992.
[100] 周华，崔秋勇，郑雪姣．基于企业技术创新激励的环境工具的最优选择——利用排序多元 Logit 模型及离散计数数据模型的实证分析［J］．科学学研究，2011（9）：1415－1424.
[101] 周玉梅．中国经济可持续发展研究［D］．吉林大学，2005.
[102] 周明月．不同市场结构下环境规制工具选择的比较分析［J］．经济论坛，2014（7）：167－171.
[103] Acemoglu D，Aghion P，Bursztyn L，Hemous D. The environment and directed technical change［J］. American Economic Review，2012，102（1）：131－166.
[104] Aghion P，Peter H. Endogenous growth theory［M］. MIT Press，1998.
[105] Aghion et al. Carbon taxes，path dependency and directed technical

change: Evidence from the auto industry [J]. National Bureau of Economic Research. Available at: http: //personal. lse. ac. uk/dechezle/, 2012.

[106] Aghion P, van Reenen J, Zingales L. Innovation and institutional ownership [J]. American Economic Review, 2013, 103 (1): 277 -304.

[107] Akbostanci E, Tunc G I, Turut - Asik S. Pollution haven hypothesis and the role of dirty industries in Turkey's Exports [J]. Environment and Development Economics, 2007, 12: 297 -322.

[108] Alpay E, Kerkvliet J, Buccola S. Productivity growth and environmental regulation in Mexican and US food manufacturing [J]. American Journal of Agricultural Economics. 2002, 84 (4): 887 - 901.

[109] Anselin, L. Spatial econometrics: Methods and models [M]. Handbook of Applied Economic Statistics, New York: Marcel Dekke r, 1988.

[110] Anselin L, Florax R J G M. New directions in spatial econometrics advances in spatial science [J]. Berlin: Springer, 1995.

[111] Andreoni J, Levinson A. The simple analytics of the environmental Kuznets curve [J]. Journal of Public Economics, 2001, 80 (2): 269 -286.

[112] Ankarhem M. A dual assessment of the environmental Kuznets curve: The case of Sweden [J]. Ume? University, 2005.

[113] Arellano M, Bover O. Another look at the instrumental variables estimation of error components models [J]. Journal of Econometrics, 1995, 68 (1): 29 -51.

[114] Arimura T H, Hibiki A, Katayama H. Is a voluntary approach an effective environmental policy instrument? A case for environmental management systems [J]. Journal of Environmental Economics and Management, 2008, 55 (3): 281 -295.

[115] Arimura T, Hibiki A, Johnstone N. An empirical study of environmental R&D: What encourages facilities to be environmentally innovative? [J]. Environmental Policy and Corporate Behaviour, Edward Elgar, Cheltenham, Northampton, 2007: 142 - 173.

[116] Arrow K, Bolin B, Costanza R, et al. Economic growth, carrying capacity, and the environment [J]. Ecological economics, 1995, 15 (2): 91-95.

[117] Atkinson S E, Lewis D H. A cost-effectiveness analysis of alternative air quality control strategies [J]. Journal of Environmental Economics and Management, 1974, 1 (3): 237-250.

[118] Baldwin R. Does sustainability require growth [J]. Goldin/Winters, 1995: 51-77.

[119] Barbera A J, McConnell V D. The impact of environmental regulations on industry productivity: Direct and indirect effects [J]. Journal of environmental economics and management, 1990, 18 (1): 50-65.

[120] Barbier E B. Economics, natural resource scarcity and development [M]. London: Earthcan, 1989.

[121] Barbier E B. Introduction to the environmental Kuznets curve special issue [J]. Environment and Development Economics, 1997, 2 (4): 369-381.

[122] Barney J B. The resource-based theory of the firm [J]. Organization science, 1996, 7: 469-469.

[123] Beaumont N J, Tinch R. Abatement cost curves: A viable management tool for enabling the achievement of win-win waste reduction strategies? [J]. Journal of environmental management, 2004, 71 (3): 207-215.

[124] Beckerman W. Economic growth and the environment: Whose growth? Whose environment? [J]. World development, 1992, 20 (4): 481-496.

[125] Bell R G, Russell C. Ⅲ-considered experiments: The environmental consensus and the developing world [J]. Harvard International Review, 2003, 24 (4): 20-25

[126] Berman E, Bui L T. Environmental regulation and productivity: Evidence from oil refineries [J]. The Review of Economics and Statistics, 2001, 83 (3): 498-510.

[127] Bernstam M S. The wealth of nations and the environment [M]. Institute of Economic Affairs, 1991.

[128] Bovenberg A L, Mooij R A D. Environmental levies and distortionary taxation [J]. The American Economic Review, 1991, 84 (4): 1085 - 1089.

[129] Bovenberg A L, Mooij R A D. Environmental tax reform and endogenous growth [J]. Journal of Public Economics, 1997, 63 (2): 207 - 237.

[130] Brannlund R, Fare R, Grosskopf S. Environmental regulation and profitability: An application to Swedish pulp and paper mills [J]. Environmental and Resource Economics, 1995, 6 (1): 23 - 36.

[131] Bretschger L. How to substitute in order to sustain: Knowledge driven growth under environmental restrictions [J]. Environment and Development Economics, 1998, 3 (4): 425 - 442.

[132] Brock W A, Taylor M S. The green Solow model [J]. Journal of Economic Growth, 2010, 15 (2): 127 - 153.

[133] Brunnermeier S B, Cohen M A. Determinants of environmental innovation in US manufacturing industries [J]. Journal of Environmental Economics and Management, 2003, 45 (2): 278 - 293.

[134] Cesaroni F, Arduini R. Environmental technologies in the European chemical industry [J]. Laboratory of Economics and Management (LEM), Sant' Anna School of Advanced Studies, Working Paper, 2001.

[135] Chichilnisky G. Limited arbitrage is necessary and sufficient for the existence of a competitive equilibrium and the core, and limits voting cycles [J]. Economics Letters, 1994, 46.

[136] Chintrakarn P. Environmental regulation and US states' technical inefficiency [J]. Economics Letters, 2008, 100 (3): 137 - 157.

[137] Christainsen, G B, Haveman R H. Public regulations and the slowdown in productivity growth [J]. American Economic Review, 1981, 71 (2): 320 - 325.

[138] Chung Y H, Fare R. Productivity and undesirable outputs: A directional distance function approach [J]. Microeconomics, 1995, 51 (3): 229 - 240.

[139] Collinge R A, Oates W E. Efficiency in pollution control in the short and long runs: A system of rental emission permits [J]. Ca-

nadian Journal of Economics, 1982, 15 (2): 346 -354.

[140] Common M. Sustainability and Policy [M]. Cambridge University Press, 1995: 1143 -1167.

[141] Conrad K, Wastl D. The impact of environmental regulation on productivity in German industries [J]. Empirical Economics, 1995, 20 (4): 615 -633.

[142] Copeland B R, Taylor M S. North - South trade and the environment [J]. Quarterly Journal of Economics, 1994, 109 (3): 755 - 787.

[143] Copeland B R, Taylor M S. Trade and the environment: A partial synthesis [J]. American Journal of Agricultural Economics, 1995, 77 (3): 765 -771.

[144] Cropper M L, Oates W E. Environmental economics: A survey [J]. Journal of Economic Literature, 1992, 30 (2): 675 -740.

[145] De Bruyn S M. The environmental Kuznets curve hypothesis [M]. Economic Growth and the Environment. Springer Netherlands, 2000: 77 -98.

[146] Dean J M, Lovely M E, Wang H. Are foreign investors attracted to weak environmental regulations? Evaluating the evidence from China [J]. Journal of Development Economics, 2009, 90 (1): 1 -13.

[147] Dean J M. Trade and the environment: A survey of the literature [R]. World Bank Discussion Papers, 1992.

[148] Dean T J, Brown R L. Pollution regulation as a barrier to new firm entry: Initial evidence and implications for future research [J]. Academy of Management Journal, 1995, 38 (1): 288 -303.

[149] Dean T J, Brown R L, Stango V. Environmental regulation as a barrier to the formation of small manufacturing establishments: A longitudinal examination [J]. Journal of Environmental Economics and Management, 2000, 40 (1): 56 -75.

[150] Dewees D N. Instrument choice in environmental policy [J]. Economic Inquiry, 1983, 21 (1): 53 -71.

[151] Di Vita G. Is the discount rate relevant in explaining the environmental Kuznets curve [J]. Journal of Policy Modeling, 2008, 30 (2): 197 -207.

[152] Diao X, Elbasha E H, Roe T L, et al. A dynamic CGE model: An application of R&D-based endogenous growth model theory [R]. University of Minnesota, Economic Development Center, 1996.

[153] Doern B. The potential for framework to compare Canadian regulatory regimes versus u. s. regimes: Utility for assessing the impact on investment decisions [R]. A Paper Prepared for Industry Canada, March 2002; OECD, Regulatory Reform and Innovation.

[154] Domazlicky B R, Weber W L. Does environmental protection lead to slower productivity growth in the chemical industry? [J]. Environmental and Resource Economics, 2004, 28 (3): 301 –324.

[155] Egli H, Steger T M. A dynamic model of the environmental Kuznets curve: Turning point and public policy [J]. Environmental and Resource Economics, 2007, 36 (1): 15 –34.

[156] Esty D C. Greening the GATT: Trade, environment, and the future [R]. Peterson Institute, 1994.

[157] Fare R, Grosskopf S, Pasurka C A. Environmental production functions and environmental directional distance functions [J]. SSRN Electromic Journal, 2007, 32 (7): 1055 –1066.

[158] Filbeck G, Gorman R F. The relationship between the environmental and financial performance of public utilities [J]. Environmental and Resource Economics, 2004, 29 (2): 137 –157.

[159] Fischer C, Springborn M. Emissions targets and the real business cycle: Intensity targets versus caps or taxes [J]. Journal of Environmental Economics and Management, 2011, 62 (3): 352 – 366.

[160] Fredriksson P G, List A, Millimet L. Bureaucratic corruption, environmental policy and inbound US FDI: Theory and evidence [J]. Journal of public Economics, 2003, 87 (7): 1407 –1430.

[161] Frondel M, Horbach J, Rennings K. End-of-pipe or cleaner production? An empirical comparison of environmental innovation decisions across OECD countries [J]. Business Strategy and the Environment, 2007, 16 (8): 571 –584.

[162] Fullerton D, Kim S – R. Environmental investment and policy with distortional taxes and endogenous growth [R]. NBER Working Pa-

per, W12070, 2006.

[163] Gradus R, Smulders S. The trade-off between environmental care and long-term growth—Pollution in three prototype growth models [J]. Journal of Economics, 1993, 58 (1): 25 -51.

[164] Gray W B, The cost of regulation: OSHA, EPA and the productivity slowdown [J]. American Economic Review, 1987, 77 (77): 998 - 1006.

[165] Gray W B, Shadbegian R J. Pollution abatement costs, regulation, and plant-level productivity [R]. National Bureau of Economic Research, 1995.

[166] Gray W B, Shadbegian R J. When do firms shift production across states to avoid environmental regulation? [R]. National Bureau of Economic Research, 2002.

[167] Greaker M. Strategic environmental policy: Eco-dumping or a green strategy [J]. Journal of Environmental Economics and Management, 2003, 45 (3): 692 -707.

[168] Greenstone M. The impact s of environmental regulation on industrial activity: Evidence from the 1970 and 1977 clean air act amendments and the census of manufactures [J]. Journal of Political Economy, 2002, 110 (6): 1175 - 1219.

[169] Greenstone M, List J A. Syverson C. The effects of environmental regulation on the competitiveness of u. s. manufacturing [R]. NBER Wodking Paper, 2012.

[170] Grossman G M, Krueger A B. Environmental impacts of a North American free trade agreement [R]. National Bureau of Economic Research, 1991.

[171] Hamamoto M. Environmental regulation and the productivity of Japanese manufacturing industries [J]. Resource and Energy Economics, 2006, 28 (4): 299 -312.

[172] Hartman R, Kwon O S. Sustainable growth and the environmental Kuznets curve [J]. Journal of Economic Dynamics and Control, 2005, 29 (10): 1701 - 1736.

[173] Heyes A. Is environmental regulation bad for competition? A survey [J]. Journal of Regulatory Economics, 2009, 36 (1): 1 -28.

[174] Horbach J. Determinants of environmental innovation—new evidence from German panel data sources [J]. Research Policy, 2008, 37 (1): 163 - 173.

[175] Jaffe A B, Palmer K. Environmental regulation and innovation: A panel data study [J]. Review of Economics and Statistics, 1997, 79 (4): 610 - 619.

[176] Jaffe A B, Peterson S R, Portney R, Stavins N. Environmental regulation and the competitiveness of US manufacturing: What does the evidence tell us [J]. Journal of Economic literature, 1995, 33 (1): 132 - 163.

[177] Jaffe A, Newell R, Stavins R. Technological change and the environment [J]. Handbook of Environmental Economics, 2002, 1 (3): 461 - 516.

[178] John A, Pecchenino R. An overlapping generations model of growth and the environment [J]. The Economic Journal, 1994, 104 (427); 1393 - 1410.

[179] Johnstone N, Hascic I, Popp D. Renewable energy policies and technological innovation: Evidence based on patent counts [J]. Environmental and Resource Economics, 2010, 45 (1): 133 - 155.

[180] Jones L E, Manuelli R E. Endogenous policy choice: The case of pollution and growth [J]. Review of Economic Dynamics, 2001, 4 (2): 369 - 405.

[181] Jorgenson D W, Wilcoxen P J. Environmental regulation and US economic growth [J]. The Rand Journal of Economics, 1990: 314 - 340.

[182] Joskow P L, Schmalensee R. The political economy of market-based environmental policy: The US acid rain program [J]. The journal of law and economics, 1998, 41 (1): 37 - 84.

[183] Kijima M, Nishide K, Ohyama A. Economic models for the environmental Kuznets curve: A survey [J]. Journal of Economic Dynamics and Control, 2010, 34 (7): 1187 - 1201.

[184] Klassen R D, McLaughlin C P. The impact of environmental management on firm performance [J]. Management science, 1996, 42

(8): 1199 - 1214.

[185] Kneese A V, Bower B T, Managing water quality: Economics, technology and institutions [J]. Baltimore: The John Hopkins University Press, 1968.

[186] Komen M H, Gerking S, Folmer H. Income and environmental R&D: Empirical evidence from OECD countries [J]. Environment and Development Economics, 1997, 2 (4): 505 - 515.

[187] Kreiser P, Marino L. Analyzing the historical development of the environmental uncertainty constructs [J]. Management decision, 2002, 40 (9): 895 - 905.

[188] Kuosmanen T, Bijsterbosch N, Dellink R. Environmental cost-benefit analysis of alternative timing strategies in greenhouse gas abatement: A data envelopment analysis approach [J]. Ecological Economics, 2009, 68 (6): 1633 - 1642.

[189] Kuznets S. Economic growth and income inequality [J]. American Economic Review, 1955, 45 (1): 1 - 28.

[190] Lanjouw J O, Mody A. Innovation and the international diffusion of environmentally responsive technology [J]. Research Policy, 1996, 25 (4): 549 - 571.

[191] Lanoie P, Patry M, Lajeunesse R. Environmental regulation and productivity: Testing the Porter hypothesis [J]. Journal of Productivity Analysis, 2008, 30 (2): 121 - 128.

[192] Lanoie P, Laurent - Lucchetti J, Johnstone N, Ambec S. Environmental policy, innovation and performance: New insights on the Porter hypothesis [J]. Journal of Economics & Management Strategy, 2011, 20 (3): 803 - 842.

[193] Lecomber R. G. N. P. versus Environmental Services [M]. Economic Growth versus the Environment. Macmillan Education UK, 1975.

[194] Lieb C M. The environmental Kuznets curve and flow versus stock pollution: The neglect of future damages [J]. Environmental and Resource Economics, 2004, 29 (4): 483 - 506.

[195] Lieb C M. The environmental Kuznets curve and satiation: A simple static model [J]. Environment and Development Economics,

2002, 7 (3): 429 –448.

[196] Lopez R, Mitra S. Corruption, pollution, and the Kuznets environment curve [J]. Journal of Environmental Economics and Management, 2000, 40 (2): 137 –150.

[197] Lopez R. The environment as a factor of production: The effects of economic growth and trade liberalization [J]. Journal of Environmental Economics and Management, 1994, 27 (2): 163 –184.

[198] Lucas R E. On the mechanics of economic development [J]. journal of monetary economics, 1988, 22 (1): 3 –42.

[199] Magat A. Pollution control and technological advance: A dynamic model of the firm [J]. Journal of Environmental Economics and Management, 1978, 5 (1): 1 –25.

[200] Markandya A, Shibli A. Regional overview: Industrial pollution control policies in Asia: How successful are the strategies [J]. Asian Journal of Environmental Management, 1995, 3 (2): 87 –118.

[201] McConnell K E. Income and the demand for environmental quality [J]. Environment and Development Economics, 1997, 20 (4): 383 –399.

[202] Meadows D H, Goldsmith E I, Meadow P. The limits to growth [M]. London: Earth Island Limited, 1972.

[203] Michel P, Rotillon G. Disutility of pollution and endogenous growth [J]. Environmental and Resource Economics, 1995, 6 (3): 279 –300.

[204] Milliman S R, Prince R. Firm incentives to promote technological change in pollution control [J]. Journal of Environmental Economics and Management, 1989, 17 (3): 247 –265.

[205] Mohr R D. Technical change, external economies, and the Porter hypothesis [J]. Journal of Environmental Economics and Management, 2002, 43 (1): 158 –168.

[206] Mohtadi H. Environment, growth, and optimal policy design [J]. Journal of Public Economics, 1996, 63 (1): 119 –140.

[207] Muller N Z, Mendelsohn R. Efficient pollution regulation: Getting the prices right [J]. American Economic Review, 2009, 99 (5):

1714 - 1739.

[208] Munasinghe M, Shearer W. Defining and measuring sustainable: The biogeophysical foundations [M]. Distributed for the United Nations University by the World Bank, 1995.

[209] Ng Y K, Wang J. Relative income, aspiration, environmental quality, individual and political myopia: Why may the rat-race for material growth be welfare-reducing [J]. Mathematical Social Sciences, 1993, 26 (1): 3 - 23.

[210] Palmer K, Oates W E, Portney R. Tightening environmental standards: The benefit-cost or the no-cost paradigm? [J]. The Journal of Economic Perspectives, 1995, 9 (4): 119 - 132.

[211] Panayotou T. Empirical tests and policy analysis of environmental degradation at different stages of economic development [R]. International Labour Organization, 1993.

[212] Pearce D. The role of carbon taxes in adjusting to global warming [J]. Economic Journal, 1991, 101 (407): 938 - 948.

[213] Pezzey J. Sustainable development concepts: An economic analysis [R]. World Bank Paper, 1992.

[214] Pindyck R S. Uncertainty in environmental economics [J]. Review of Environmental Economics and Policy, 2007, 1 (1): 45 - 65.

[215] Pontus C, Lennart K. Business incentives for sustainabiliy: A property rights approach [J]. Ecological Economics, 2002, 40: 13 - 22.

[216] Popp D, Newell R, Jaffe A. Energy, the environment, and technological change [J]. Hand book of the Economics of Innovation, 2010: 873 - 937.

[217] Popp D, Newell R. Where does energy R&D come from? Examining crowding out from energy R&D [J]. Energy Economics, 2012, 51 (1): 46 - 71.

[218] Porter M E. America's green strategy [J]. Scientific American, 1991, 264 (4): 168 - 264.

[219] Porter M E, Van der Linde C. Toward a new conception of the environment competitiveness relationship [J]. The Journal of Economic Perspectives, 1995, 9 (4): 97 - 118.

[220] Prieur F. The environmental Kuznets curve in a world of irreversibility [J]. Economic Theory, 2009, 40 (1): 57 - 90.

[221] Puller L. The strategic use of innovation to influence regulatory standards [J]. Journal of Environmental Economics and Management, 2006, 52 (3): 690 - 706.

[222] Reijnders S L. Policies influencing cleaner production: The role of prices and regulation [J]. Journal of Cleaner Production, 2003, 11 (3): 333 - 338.

[223] Rhoads S E. The economist's view of the world [M]. Cambridge University Press, 1985.

[224] Ricci F. Channels of transmission of environmental policy to economic growth: A survey of the theory [J]. Ecological Economics, 2007, 60 (4): 688 - 699.

[225] Roca J. Do individual preferences explain the environmental Kuznets curve [J]. Ecological Economics, 2003, 45 (1): 3 - 10.

[226] Sartzetakis E S, Constantatos C. Environmental Regulation and International Trade [J]. Journal of Regulatory Economics, 1995, 8 (1): 61 - 72.

[227] Scherer F M, Harhoff D. Uncertainty and the size distribution of rewards from innovation [J]. Journal of Evolutionary Economics, 2000, 10 (1): 175 - 200.

[228] Selden T M, Song D. Environmental quality and development: Is there a Kuznets curve for air pollution emissions [J]. Journal of Environmental Economics and Management, 1994, 27 (2): 147 - 162.

[229] Selden T M, Song D. Neoclassical growth, the J curve for abatement and the inverted curve for pollution [J]. Journal of Environmental Economics and Management, 1995, 29 (2): 162 - 168.

[230] Seskin E P, Anderson J, Reid R O. An empirical analysis of economic strategies for controlling air pollution [J]. Journal of Environmental Economics and Management, 1983, 10 (2): 112 - 124.

[231] Shafik N, Bandyopadhyay S. Economic growth and environmental quality: Time-series and cross-country evidence [M]. World Bank

Publications, 1992.

[232] Shephard R W. Theory of cost and production functions [M]. Princeton University Press, 1970.

[233] Takeda S, 2007, The double dividend from carbon regulations in japan [J]. Journal of the Japanese & International Economs, 2007, 21 (3): 336 -364.

[234] Spangenberg J H, Omann I, Hinterberger F. Sustainable growth criteria: Minimum benchmarks and scenarios for employment and the environment [J]. Ecological Economics, 2002, 42 (3): 429 -443.

[235] Stavins R N. Whitehead B W. Dealing with pollution: Market-based incentives for environmental protection [J]. Environment: Science and Policy for Sustainable Development, 1992, 34 (7): 6 -42.

[236] Sterner T. Environmental fiscal reform for poverty reduction [J]. Sourceoecd Transition Economies, 2005, volume 2005: i - 111 (112).

[237] Stigler G J. The Theory of Economic Regulation [J]. Bell Journal of Economics & Management Science, 1971, 2 (2): 3 -21.

[238] Stokey N L. Are there limits to growth? [J]. International Economic Review, 1998, 39 (1): 1 -31.

[239] Suphi S. Corporate governance, environmental regulations, and technological change [J]. European Economic Review, 2015, 80 (10): 36 -61.

[240] Tahvonen O, Salo S. Economic growth and transitions between renewable and nonrenewable energy resources [J]. European Economic Review, 2001, 45 (8): 1379 -1398.

[241] Testa F. The link between environment and competitiveness [J]. https: //www. lap-publishing. com/, 2010.

[242] Tietenberg T H. Economic instruments for environmental regulation [J]. Oxford Review of Economic Policy, 1990: 17 -33.

[243] Tietenberg T. The tradable-permits approach to protecting the commons: Lessons for climate change [J]. Oxford Review of Economic Policy, 2003, 19 (3): 400 -419.

[244] Tilt B. The political ecology of pollution enforcement in China: A

case from Sichuan's rural industrial sector [J]. The China Quarterly, 2007, 192: 915 -932.

[245] Tullock G. Excess Benefit [J]. Water Resource Research, 1967, 3 (2): 643 -644.

[246] Unold W, Requate T. Pollution control by options trading [J]. Economics Letters, 2001, 73 (3): 353 -358.

[247] Viscusi W K. Risk by choice: Regulating health and safety in the workplace [M]. Harvard University Press, 1983.

[248] Vollebergh H R J. Differential impact of environmental policy instruments on technological change: A review of the empirical literature [J]. Tinbergen Institute Discussion Paper Series, 2007.

[249] Wagner M. On the relationship between environmental management, environmental innovation and patenting: Evidence from German manufacturing firms [J]. Research Policy, 2007, 36 (10): 1587 - 1602.

[250] Walley N, Whitehead B. It's not easy being green [J]. Harvard Business Review, 1994, 72 (3): 46 -51.

[251] Walter I, Ugelow J. Environmental policies in developing countries [J]. Ambio, 1979, 8 (2 -3): 102 -109.

[252] Walter I. Environmentally induced industrial relocation to developing countries [J]. Environment and trade, 1982, 2: 235 - 256.

[253] Wan M. China's economic growth and the environment in the asia-pacific region [J]. Asian Survey, 1998, 38 (4): 365 -378.

[254] Wang H, Wheeler D. Financial incentives and endogenous enforcement in China's pollution levy system [J]. Journal of Environmental Economics and Management, 2005, 49 (1): 174 -196.

[255] Wang H, Wheeler D. Endogenous enforcement and effectiveness of China's pollution levy system [M]. World Bank Publications, 2000.

[256] Watanabe M, Tanaka K. Efficiency analysis of Chinese industry: A directional distance function approach [J]. Energy Policy, 2007, 35 (12): 6323 -6331.

[257] Weitzman M L. Prices vs. Quantities [J]. Review of Economic

Studies, 1974, 41 (4): 477 -91.

[258] Xepapadeas A, Zeeuw A D. Environmental policy and competitiveness: The Porter hypothesis and the composition of capital [J]. Journal of Environmental Economics & Management, 1999, 37 (2): 165 - 182.

图书在版编目（CIP）数据

环境规制政策与经济可持续发展研究/刘伟等著．—北京：经济科学出版社，2017.3

（国家社科基金后期资助项目）

ISBN 978－7－5141－7773－2

Ⅰ．①环…　Ⅱ．①刘…　Ⅲ．①环境政策－关系－经济可持续发展－研究－中国　Ⅳ．①X－012②F124

中国版本图书馆CIP数据核字（2017）第029980号

责任编辑：周国强　李　建
责任校对：徐领柱
责任印制：邱　天

环境规制政策与经济可持续发展研究

刘　伟　童　健　薛　景　储成君　著

经济科学出版社出版、发行　新华书店经销

社址：北京市海淀区阜成路甲28号　邮编：100142

总编部电话：010－88191217　发行部电话：010－88191522

网址：www.esp.com.cn

电子邮件：esp@esp.com.cn

天猫网店：经济科学出版社旗舰店

网址：http://jjkxcbs.tmall.com

固安华明印业有限公司印装

710×1000　16开　13.5印张　240000字

2017年3月第1版　2017年3月第1次印刷

ISBN 978－7－5141－7773－2　定价：68.00元

（图书出现印装问题，本社负责调换。电话：010－88191510）